サーキット走行入門

飯塚昭三

グランプリ出版

序文

　クルマの運転というのは、人間にとってかなり高度な操作であるといえる。だから公道を走るためには練習を積んで免許を取得しなければならない。だが、サーキットドライビングは、さらに高度なオペレーションが必要である。それはクルマという機械が持っている能力を100％発揮させる極限の操作であり、自分の身体機能をもフルに使った高度な操作であるからだ。それだけに、うまく操ることができれば、それだけ大きな喜び、楽しみを得ることができる。

　しかしながら、速く走ること、うまく走ることは難しい。走れば走るほど、その難しさが分かってくる。それを克服して自分のテクニックを高めることの充実感は他のものでは得難い。ゲームのように失敗したからといって簡単にリセットを効かせられるわけではない。リスクと背中合わせ、その中で自分のテクニックを高めていく充実感は、ゲームでは味わえない喜びと爽快感がある。単なるスピードに対するあこがれではない。テクニックを身に付け、かつての自分より、あるいは他の人より速く走ることは、クルマという複雑な機械を自在にコントロールし得た結果である。これぞサーキット走行の楽しさであり醍醐味である。

　最近はサーキット走行が一般の人にとっても身近なものになっている。ミニサーキットと呼ばれる小規模サーキットが増え、いわゆる走行会が盛んに開催されている。また、規模の大きな公認サーキットでもいわゆる走行会のために時間貸しを行なうようになり、走行会が開催されるようになっている。走行会は主催者がサーキットの走行時間帯を占有借り受けし、その時間帯に走行希望者を走らせるものだ。特にサーキットのスポーツ走行ライセンスがなくても、走行会の場であればサーキットを走ることができる。

　クルマは登録ナンバー付きの普段街乗りに使っているクルマでよい。最近のクルマは足回りもよくできており、ノーマルのままでもサーキット走行に充分耐えうる。特にスポーティな仕様の車両であればなおのこと、サーキット走行を充分楽しめる。縁石に引っかけたりしなければ、コース上で転倒するようなこともめったに起きない。

　チューニングパーツ、スポーツパーツの類もたくさん出回っており、予算に応

じてクルマに手を加えることもしやすくなっている。サーキット走行はそれらのパーツの効果を試す場としても好適である。

　サーキット走行の効用はそれだけではない。公道上では外因によりパニック的な場面に遭遇することもあり得るが、クルマの極限状態のコントロールに慣れていれば、このようなときでも、最悪の状態に陥るのは避けられる可能性が高い。その意味では単に楽しみだけでなく、サーキット走行は安全にもつながるものである。

　本書は、とにかくサーキット走行を経験してみたいという方から、本格的なレーシングドライバーを志す方、あるいはすでにレース出場を果たしている方まで、より上手く、より速くなりたいと思っているドライバーを対象に、サーキット走行のマナーや習慣からドライビングテクニックの基本、応用まで、走行理論を交えて解説してみた。サーキット走行という素晴らしいスポーツを多くの方が楽しみ、そして学ぶのに役立てば幸いです。

飯塚　昭三

サーキット走行入門

目 次

第1章　サーキット走行の準備とルール …………9
走行会とスポーツ走行……………………………………9
走行会参加の方法と手順……………………………… 11
用意すべき携行品一覧………………………………… 26
信号旗………………………………………………… 30
ドライバーの装備……………………………………… 32
クルマの装備…………………………………………… 36

第2章　走行のための基礎知識 ………………39
初めての走行…………………………………………… 39
効果的な練習走行……………………………………… 44
スピンやトラブルへの対処法………………………… 46

第3章　走りについての基礎知識 ………………54
タイヤのグリップ……………………………………… 54
タイヤの重要性と摩擦円……………………………… 59
タイヤの特性…………………………………………… 63
コーナリングの力学的意味…………………………… 66
ライン取りの力学的考察……………………………… 74

第4章　ドライビングテクニックの基本 ………85
ドライビングポジション……………………………… 85
ステアリングワーク…………………………………… 88

シフトワーク………………………………………………91
ヒールアンドトー…………………………………………94
ブレーキング………………………………………………99
ライン取りの基本………………………………………101
AT車でのサーキット走行………………………………111

第5章　実戦的ドライビングテクニック………121

連続するコーナーのライン取り…………………………121
追い抜きの実際…………………………………………124
スリップストリーム……………………………………128
ウェット路面……………………………………………132
競り合いと走路妨害……………………………………141

第6章　チューニングパーツの知識とセッティング…144

車両チューニングの順序………………………………144
ブレーキ…………………………………………………146
タイヤの知識……………………………………………149
ホイールの基礎知識……………………………………152
ホイールアライメント…………………………………154
LSD(リミテッドスリップデフ)の知識………………157
サスペンションの役割…………………………………163
各パーツのチューン……………………………………166
ストラットタワーバー…………………………………176
エアロパーツ……………………………………………177
バケットシート…………………………………………179
4点式(フルハーネス)シートベルト…………………180
良いコンディションを維持するために──オイル…………181

●全国サーキット紹介 ⋯⋯⋯⋯⋯⋯⋯⋯⋯⋯⋯⋯⋯⋯⋯⋯⋯ 186

●十勝スピードウェイ　●スポーツランドSUGO ⋯⋯⋯⋯⋯⋯⋯⋯⋯⋯⋯186

●エビスサーキット東コース　●エビスサーキット西コース　●ツインリンクもてぎ⋯⋯⋯187

●ヒーローしのいサーキット　●日光サーキット　●筑波サーキット コース2000⋯⋯⋯⋯188

●筑波サーキット コース1000　●本庄サーキット　●袖ヶ浦フォレスト・レースウェイ⋯⋯⋯⋯189

●茂原ツインサーキット　●ナリタモーターランド　●南千葉サーキット⋯⋯⋯⋯⋯190

●スポーツランドやまなし　●富士スピードウェイ　●富士スピードウェイ ショートコース⋯⋯⋯⋯191

●日本海間瀬サーキット　●おわらサーキット　●タカスサーキット⋯⋯⋯⋯⋯⋯192

●オートランド作手　●モーターランド三河　●幸田サーキットyrp桐山⋯⋯⋯⋯⋯193

●美浜サーキット　●スパ西浦モーターパーク　●鈴鹿サーキット⋯⋯⋯⋯⋯⋯⋯194

●鈴鹿サーキット 南コース　●モーターランドSUZUKA　●鈴鹿ツインサーキット⋯195

●YZサーキット　●セントラルサーキット　●岡山国際サーキット⋯⋯⋯⋯⋯⋯⋯196

●中山サーキット　●備北ハイランドサーキット Bコース　●TSタカタサーキット⋯⋯⋯197

●阿讃サーキット　●オートポリス　●HSR九州⋯⋯⋯⋯⋯⋯⋯⋯⋯⋯⋯⋯⋯198

第1章 サーキット走行の準備とルール

走行会とスポーツ走行

　サーキットを走るには、二つの方法がある。ひとつは走行会に参加する方法。もうひとつはサーキットのスポーツ走行時間帯に走る方法だ。サーキットトライアルやレースに出場することもサーキットを走る方法のひとつではあるが、競技に出場するには必ず練習走行が必要だから、その前段階に必ず前二者がある。ぶっつけ本番の競技出場は危険であるし、勝てるはずもない。

◆走行会とは

　走行会というのは、主催者がサーキットから時間帯を借り受け、予め募集して集めた走行希望者を走らせるものだ。主催者は参加者から集めた参加料などをもとにしてコース使用料をサーキットに支払うことにより運営する。基本的に主催者の責任において運営されるので、走行ライセンスは不要である。ドライバーの安全装備が揃っていれば車両の装備はJAF公認レースほどうるさくなく、主催者の

走行会はライセンスがなくてもサーキット走行が楽しめる場。大規模なサーキットからミニサーキットまで、全国各地で数多く行なわれている。土日や祝祭日ばかりでなく、平日に行なわれる場合もある。

裁量に任されている。したがって、登録ナンバー付きのノーマル車両も多い。

　JAF公認のレースが行なわれるような大きなサーキットでは、コースの賃貸料が高いので、よほど大きなイベントで台数を集めないかぎり採算が取れないから、時間借りが多い。だが、ミニサーキットではそれほどの賃貸料ではないので、半日とか全日の走行会が多くなる。

　走行会の主催者はいろいろである。JAFの登録クラブ、それ以外の自動車クラブ、チューニング系カーショップのほか、現在は走行会を生業とする専門業者も多い。タイヤメーカー系の走行会もある。

◆スポーツ走行とは

　スポーツ走行はサーキット自体が走行に割り当てた時間帯で、通常、安全面から2輪と4輪で分けたり、フォーミュラカーとツーリングカー（乗用車）とで分けたりしている。このスポーツ走行の時間帯に走るに当たっては、そのサーキットの走行ライセンスが必要なところと不要なところがある。このライセンスは、JAFのA級ライセンスとはまた別のもので、そのサーキット固有のライセンスである。その取得のためにはサーキットが開くライセンス講習会を受講する必要がある。

第1章 サーキット走行の準備とルール

サーキットのパドックでは指定された場所に駐車する。降ろした荷物はクルマの後ろに置く。走行会を通してその駐車スペースが自分の本拠になる。

　このスポーツ走行は、レース出場を予定している者がドライビング練習やマシンセッティングの場とすることが多い。もちろん、レース出場の予定のないチューニングカーなどでも、安全装備が整い、走行ライセンスを所持していれば走ることができる。ただ、JAF公認サーキットなどでは足回りなどを改造した本格的レース車が多いので、パワーの小さなノーマル車両などで走るのは、スピード差があり危険も大きい。

走行会参加の方法と手順

　最初からレース出場をめざしているなら、走行会を飛ばしてスポーツ走行から入っていく手もあるが、サーキット走行の経験がないなら、まず走行会に参加して、サーキット走行を経験するとよい。その経験は、ドライビングテクニック面でも車両管理面でもレース出場に際して必ず役立つはずだ。

◆走行会の種類

　一口に走行会といっても、その内容はいろいろだ。まずグリップ系とドリフト

11

純粋にラップタイムを追求するグリップ系の走行。JAF公認のレースを始め通常レースはグリップ系である。ただ、走行会の場合はグリップ系とドリフト系に分かれる。グリップ系はタイムこそが順位判定の要素である。

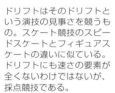

ドリフトはそのドリフトという演技の見事さを競うもの。スケート競技のスピードスケートとフィギュアスケートの違いに似ている。ドリフトにも速さの要素が全くないわけではないが、採点競技である。

系に分けられる。ジムカーナの場合は練習会と呼ぶ場合が多いが、ジムカーナでもミニサーキットで行なうものでは走行会と呼ぶ場合がある。

　グリップ系は通常のスピードを競う走り方で、普通の自動車レースに通ずるものだ。要するに、ラップタイムが速いことが最も重要である。一方、ドリフト系はクルマをドリフト状態にして走るもの。クルマの極限状態をコントロールするという点ではグリップ系と同じだが、グリップは純粋にタイムを競うものであるのに対し、ドリフトはそのドリフトという演技の見事さを競うものだ。ちょうどスケートのスピードスケートとフィギュアスケートの違いと似ている。

　現在はドリフトを楽しむ人も多く、「D1グランプリ」といったシリーズ戦も確立されている。テクニック的にもけっこう奥が深く、名のあるレーシングドライバーが活躍したりしてもいる。ただ、競技としてはドリフトはフィギュアスケー

トと同じく採点競技であり、タイムのみを競うグリップ系とは競う内容が異なる
イベントである。

　ここではグリップ系の走行会を前提に話を進めるが、そのグリップ系でもさら
に参加者のレベルや実施内容で分かれる。多くは新たな参加者を獲得したいので
初心者に対応している場合が多いが、特に大きなサーキットでの走行会ではレベル
が高めの場合もある。初心者に重点を置いた走行会ではアドバイスをしてくれる
場合や、有名ドライバーを講師としてドライビングのレクチャーなどが受けられ
るものなど、工夫された走行会もある。また、単に自由に走らせるだけのもの、
最後に模擬レースを行なうもの等々いろいろある。

　走行会の開催情報は、チューニング誌やスポーツ系のモーター誌の案内欄に出
ている。また、最近はインターネット上にイベントや走行会の案内サイトがある
し、走行会あるいは練習会で検索すると、いろいろ出てくるはずだ。走ろうとし
ているサーキットを決めているなら、サーキットのホームページを開いて日程を
見るのもひとつの方法だ。

　参加の申し込みは、初めてであれば雑誌やインターネットで選んだ走行会の主
催者に連絡を取り、内容を確認の上参加申込書や誓約書を送ってもらう。最近は
主催者のホームページから申込用紙をダウンロード出来るようになっていたり、
直接インターネットで申し込みできるようにしている主催者もある。参加申込書
が入手できたら、必要事項に記入して郵送する。参加費は参加申込書と同時に現
金書留で送るか、銀行振り込みをする。

　主催者によっては、参加を受理したことを確認する参加受理書を送付してくる
場合もある。その場合は、当日その受理書を持参して受付に提示する。

◆車両の事前点検整備

　サーキット走行は通常の走行以上にエンジン、駆動系、タイヤ、ブレーキなど
に大きな負担が掛かる。したがって、サーキット走行の日程が決まったら、事前
に車両の点検と整備をしておく。サーキット走行用に交換が推奨されるパーツ類
もいろいろあるが、その選定については別項で解説することにして、ここでは現

状のパーツの減りやタレなどについてのチェックポイントを述べる。

■**タイヤに関する知識**

　まずタイヤの摩耗度のチェック。サーキット走行ではタイヤの減りが非常に早い。かなりすり減ったものでは走行中に完全にトレッドがなくなる恐れもある。タイヤの摩耗はタイヤの種類、走り方、パワーの大小などで一概に言えないが、通常の走行の何倍も減りが早いことは覚悟しておこう。

　サーキットによってもタイヤの減りは異なる。ミニサーキットの場合は公道の舗装と変わらないことが多いが、JAFの公認レースを行なうような大きなサーキットの場合は、路面のミュー(摩擦係数)を高めた舗装にしてあるのが普通だ。した

サーキット走行ではタイヤの減りが非常に早いので、事前にタイヤの摩耗度をチェックしておく必要がある。

タイヤのショルダー部の円周上には6カ所に△マークがあり、その延長上あたりのトレッド溝にスリップサインがある。サインがトレッド面と同一になると限度いっぱい。

第1章 サーキット走行の準備とルール

がって、グリップがよい代わりに摩耗もそれだけ大きい。鈴鹿、富士はもちろん筑波コース2000などもミューが高い舗装になっていることを知っておこう。

　タイヤに関しては空気圧の管理が大切。サーキット走行ではタイヤに掛かる力も大きいので、メーカーの指定空気圧よりやや高めで走るのが普通だ。空気圧はタイヤが冷えている冷間と走った後の暖まっている状態の温間があり、指定は普通冷間で示されている。温間のほうが当然空気圧は高くなるが、冷間と温間でどれくらいの差が出るかは把握しておくべきだ。空気圧は操縦性のセッティングにも関係するので、走りながら微調整する、すなわち温間で空気圧の調整をすることも多いからだ。空気入れを持参しないのであれば、やや多めに入れておき、現地で微調整する。

　タイヤを交換した場合に気をつけることは、ホイールナットの締め忘れである。仮締めの状態で本締めを忘れる場合がある。すべてのナットを本締めしてあるか、確認しておく。本締めで気をつけることは、締めすぎないこと。締めすぎるとホイールに無理な応力が掛かり、場合によっては締め付け部に亀裂が入り、そこからホイールが割れる場合もある。サーキット走行だからといって特別に強く締め付ける必要はない。締め忘れていなければ、走行中にネジがゆるんで外れるといったことはあり得ないと考えてよい。

　一般ユーザーはトルクレンチなど持っていないのが普通だから特に締め付けト

タイヤの空気圧管理は大切。走行前には必ずチェックして適正圧を入れておく。冷間と温間で数値が違うので、その差を把握しておき、走行と走行の合間に圧を変える空気圧セッティングを試みるとよい。

15

サーキット走行用にタイヤを用意した場合は、事前事後に最低8本のタイヤ交換作業が必要。ホイールナットの締め付けは力を入れすぎないこと。指定の締め付けトルクは意外に大きくない。仮締めのまま忘れない限り、ゆるむことはまずない。

ルクを意識していないが、整備基準としてはホイールナットにも指定トルクというのがある。この締め付けトルクは思ったより大きくないことを知っておこう。レンチに体重を掛けて締め付けるなどは、明らかに締めすぎである。

■ブレーキ及びエンジンに関する知識

　ブレーキパッドの状態を把握しておくのも大切だ。これも通常の公道走行と比べたらサーキット走行では非常に減りが早い。ノーマルパッドは特に減りが早いことも知っておこう。出来ればサーキット走行に適したパッドに替えておきたい

サーキット走行ではブレーキパッドの減りも非常に早い。タイヤを外して事前にチェックしておくこと。キャリパーには必ず点検用の窓が開いているので、そこからのぞいてパッドの残量を見る。

16

第 1 章 サーキット走行の準備とルール

オイル量の点検は基本中の基本。普通の走行以上にオイルの片寄りは激しいが、生産車のままでも規定量入っていれば問題ないはず。不足はもちろん不可だが、入れすぎもオイル上がりの原因になるし抵抗によりエンジンのパワーロスにもなる。

が、とりあえずサーキット走行を経験してみたいという場合なら、パッド残量が充分にあることを確認しておくことだ。

　エンジンルームのチェックではまずオイルの量をチェックする。かなり走行距離を走ったオイルであれば交換しておきたい。オイルの選定については別項で述べる。コーナリングによる横Gでオイルが片寄りオイル切れを起こすことは今のクルマではまずないはずだが、量はレベルゲージの上限に合わせるのが基本。多すぎるとオイル上がりを起こす可能性があるし、エンジンの抵抗にもなる。

　冷却水のチェックも基本中の基本。リザーバータンクに規定量たまっているか確

ラジエターキャップはある程度の圧力に耐えられる構造で耐オーバーヒート性を高めている。液量のチェックとともにキャップに密閉性があるかチェックする。

17

認する。エンジンの冷却に関してはオイルもその役目を担っているが、冷却水の役割は大きい。通常はただの水ではなく色の付いたクーラントが使われている。これは不凍液の役目とさび止めの役目があるが、ものによっては冷却効果の向上をうたったものもある。発熱の多いターボ車ならそのようなクーラントの使用も有効だ。水道水を補充した場合は、それだけ薄まることになるので、クーラントの濃さを考えた補充の仕方を行なおう。

ブレーキフルードのチェックも大切だ。ブレーキパッドが減ってくるとフルードのレベルも下がる。フルードが大幅に減っているとブレーキラインにエアが入る恐れがある。普段の走行では問題なくても、サーキット走行では縦、横のGが大きいのでフルードが片寄り、エアが混入しやすい。ブレーキフルードは異種のものと混合すると化学反応を起こして性能が落ちる可能性が大きいといわれている。したがって、補充は必ず同種のフルードを用いる。出来れば全取り替えが好ましい。その場合はエア抜きが必要になる。

公道走行より大きなGが掛かるうえ掛かっている時間も長いので、サーキット走行ではブレーキフルードの片寄りからラインにエアが入る危険がある。パッドが減るとそれだけ液面が下がるので、フルード量を必ずチェックしておくこと。

◆当日の流れ

■サーキット到着前にしておくこと

走行会は朝が早い場合が多い。昼食の弁当付き走行会もあるが、そうでない場合、行く途中のコンビニで昼食の弁当や飲み物などを買っておくとよい。ミニサーキットでは売店もないことが多いからだ。朝食抜きで出発したのなら朝食分も購入。準備するものの中で不足のものがあったらそれらも購入しておく。

大きなサーキットでは施設内にガソリンスタンドがあるが、ミニサーキットに

第1章 サーキット走行の準備とルール

はほとんどない。事前にガソリンを入れておくか、現地に着くまでにガソリンスタンドに寄って入れておく。どのくらいガソリンを使うかは走行距離（時間）で決まるので一概に言えないが、タンクに半分以上は残っている状態にしたほうがよい。少々重いだけで満タンにしておいても問題はない。走行時間が多かったり、厳格なガソリン残量で走行したい場合は専用の携行缶でガソリンを持って行く。ポリタンクは法律違反になるので必ず金属製の缶を用いる。

適量を入れようとする場合に気をつけることは、サーキット走行ではガソリンを最後までは使い切れないことだ。残量が少なくなると、コーナリングで片寄ったときに、燃料ポンプがガソリンを吸い出せなくなるからだ。ガソリンがまだあるはずでもコーナリングやその直後にエンジンが息つぎし始めたら、燃料切れを疑うこと。この場合、ピットに戻ってもエンジンは復調している。そのまま走り出してコーナリングするとやはり息つぎを起こすとしたら、明らかにガソリン不足である。

◆サーキットに着いたら

サーキットに着いたら、係員の指示にしたがって所定の場所に駐車する。その場所は走行会を通して自分の駐車および休息の場所になる。すでに受付が始まっていれば受理書を持って受付にいく。ここで、ゼッケンや当日のタイムスケジュールなどを受け取る。自動タイム計測装置のあるサーキットでは、タイム計測用の端末機を渡されることもある。渡された書類があればそれらに目を通しておく。

参加受付。サーキットに着いたらまず受付を済ます。参加受理書を受け取っている場合はそれを持参し、ゼッケンをはじめ支給物を受け取る。サーキットによっては計測機器の端末を受け取る。

19

サーキットに着いてまずやることは、車載の荷物を降ろすことだ。スペアタイヤや工具類はもちろんドアポケットにあるものもすべて降ろそう。フロアマットも取り外す。荷物は駐車スペースの後ろに置く。

　受付を済ませたら走行準備にはいる。まずは車載物を降ろす。スペアタイヤや工具をはじめ走行に不要なものをすべて降ろす。これは軽くする意味と、走行中に不要なものが飛んできたり転がってきて運転に支障を来たさないためだ。縦横のGが非常に大きいので、普段は収まっていたものが飛び出たりすることがあるから、ドアポケットなどの収納物もすべて降ろす。フロアマットも降ろすのが常識だ。降ろしたものは駐車しているクルマの後ろに置く。荷物をきれいにまとめるために、事前に敷物やケースを用意しておくと便利だ。雨天の場合もあるので、その点の考慮も事前にしておく。

　現在はほとんどがアルミホイールをはいていると思うが、スチールホイールでホイールカバーが付いている場合は、必ず取り外す。

　ゼッケンをビニールテープまたはガムテープで貼り付ける。貼り付ける位置は左右のフロントドア、ボンネット上が基本だが、指定があればそれに従う。このとき、テープはケチらずに上下左右隙間なく貼ること。隙間があると風圧でゼッケンがそこから破れたりはがれたりするからだ。自動計測の端末機を受け取っていれば、それを屋根の上にガムテープで取り付ける。

　ヘッドライトのレンズに飛散防止のテーピングをする。これは衝突や転倒時のガラスの飛散を防止するために行なうもので、プラスチックに対しては不要である。むしろ、ブレーキランプやウィンカーランプにテーピングすることは、その

第1章 サーキット走行の準備とルール

ゼッケンはガムテープやビニールテープで4辺を隙間なく貼る。隙間があると風圧でそこから破れたりはがれたりするからだ。貼る場所は指定されるはずだが、左右ドアとボンネットの3枚が普通。2枚の場合はボンネットとコントロールタワーのある側のドア。

ヘッドライトのガラス飛散を防止するためのテーピング。最近は樹脂製のカバーが付いている場合が多いが、中にガラスがあるので意味はある。ターンシグナルやブレーキランプの樹脂にテーピングするべきかは判断が分かれる。

機能を阻害するのでしないほうがよい。JAFの公認レースではそのように指示しているが、走行会主催者によっては違う指示をするところもありいろいろだから、主催者の指示に従っておこう。また、飛散防止のテープはガムテープでなくビニールテープを指定する場合もある。

　リトラクタブルランプの場合もアップしてテーピングしておく。

　公式なレースでは車検場に車両を押して行くのが原則だが、走行会では車検は原則として車検員が回ってくる。車検といっても簡単なチェックだけだからだ。テーピングがきちんとなされているか、方向指示器、ブレーキランプなどが機能

21

走行が始まる前に必ずドライバーズミーティング(ブリーフィング)がある。ここで走行会の運営上の案内や走行上の注意点などが話される。質問の受け付けもあるはずだから、疑問な点があったら遠慮なく聞いておくこと。

しているか、その他安全走行上のチェックが主だ。主催者によっては特に車検を行なわない場合もあるようだ。

走行前にはドライバーズミーティング(ブリーフィング)がある。タイムスケジュールに記載されているはずだし、アナウンスでも知らされるはずだから、時間が来たら指定の場所に集合する。ここでは、当日の進行についての説明や注意点などが主催者から話される。質問の機会もあるはずだから、分からないことがあったら、この場で質問するとよい。

◆走行の実際

サーキットはその規模により同時に走る台数が決められている。大きなサーキットでは40台くらい走れるが、ミニサーキットでは10〜20台くらいの場合が多い。したがって、走行会は出走台数ごとにグループに分けられ、順番に走行する。このグループはクルマの性能やドライバーの経験などで、申し込み時点でクラス分けされているのが普通だ。1回の走行時間は通常15〜30分といったところだ。走行のチャンスは半日か全日か、あるいは参加台数で異なるが、たとえば全日では4回〜6回とか、トータル1時間以上は走れるはずだ。

グループごとの走行時間はタイムスケジュールとして発表されているはずだか

第1章 サーキット走行の準備とルール

自分の走行時間が近づいたらピットロード入口あたりにクルマを並べて待機する。時間が来たら係員が指示してくれるからそれに従ってピットロードに入る。そのままコースに出る場合と、いったんピットロードで待機する場合もある。

ら、それにしたがって出走の準備をする。そして、自分のグループの出走時間が近づいたら、まずエンジンをかけ暖機を始め、その間にヘルメットをはじめとした装備を整えてクルマに乗り込み、ピットロードの入口やピットロード自体にクルマを並べる。時間になれば係員が誘導してくれるので、ピットロードから1台ずつスタートしていく。

いよいよコースイン。最初はペースカーの先導がある場合もある。いずれにしても最初の周はクルマとドライバーのウォーミングアップのつもりでペースを抑えて走る。走り慣れているコースでも、いつもと変化はないかなど観察するとともにクルマの計器類のチェックも行なう。

23

最初の周はペースカーが誘導する場合もあるが、そうでなくても最初の1周はペースを上げずに余裕を持って走る。まだタイヤが暖まっていないので、コースオフの危険もあるし、クルマも身体もウォームアップするつもりで走る。メーター類のチェックと五感を使ってクルマに異常がないか、確認をしておく。コースの状態もよく観察しておく。初めてのコースの場合はコースの形状を把握する必要があるし、走り慣れたコースでは普段と変わったところがないかを見て確かめておく。1周回ってコントロールライン上のシグナルがグリーンになっていたら、いよいよペースを上げて本格走行にはいる。ここからは各自が思い思いに走ればよい。自分なりにテーマを決めて走るも良し、うまい人の後に付いて研究するも良し。自由に走行を楽しむ。

　走行終了の合図はコントロールラインでのチェッカーフラッグによりなされる。チェッカーフラッグが振られたら、ペースを落としてほぼもう1周してピットロードに入り、指定の出口からパドックの駐車場所にもどる。ターボ車などはエンジンをすぐに切らずに、しばらくはクールダウンさせる。特に異常は感じられなくても、一応ボンネットを開けて異常がないか目視で確認しておくとよい。

　タイム計測付きの走行会では、やがてゼッケンごとのベストタイムが発表される。プリントされた結果表がコントロールタワー付近の掲示板に張り出されるほか、事務所で配布される。

走行の終わりはコントロールライン付近で振られるチェッカーフラッグにより合図される。チェッカーフラッグを受けたらペースを落としてほぼ1周し、ピットロード入口からピットロードに入り、パドックへと戻る。

第1章 サーキット走行の準備とルール

よほどのベテランでない限り、同乗走行は非常にためになる。有名選手の運転を目の当たりにすると、クルマの限界の高さを再認識するものだ。

◆スペシャルメニュー

　このように全く自由に走らせるフリー走行の走行会が基本としてあるが、すでに述べたように走行会によってはいろいろなメニューを用意している場合がある。ポピュラーなのは、ベテランドライバーの同乗走行などだ。たいてい事前の申し込みが必要だが、初心者にとっては非常に役に立つ。基本は主催者が用意した車両での同乗走行だが、参加者のクルマをベテランが運転してくれる場合もある。初心者にとっては、自分のクルマの限界が自分の想定をはるかに超える高いところにあったことを思い知らされることが多く、貴重な経験になる。参加者の運転するクルマに同乗してくれる場合もなくはないが、これは非常に稀だ。これらは本来自分が走るべきフリー走行の時間帯を利用して行なわれる。

　特に有名ドライバーを講師として招き、特別なレクチャーを行なうような走行会もある。たとえばタイヤメーカーなどの主催の走行会では契約のプロドライバーを招いてドライビングのレクチャーをするなど、座学を含めた走行会もある。

　走行会の最後に模擬レースを行なうことも多い。この場なら気軽にレースを楽しめる。また、スタートなど高度な緊張を伴うシーンを体験できるので、本格的なレース参加を志している人にはためになる。

25

用意すべき携行品一覧

◆必需品

・エアゲージ

　タイヤのエアチェックのために絶対必要なもの。アナログ式やデジタル式その他いろいろなタイプがあるが、サーキット走行では使う頻度が高いので、正確に計れて数値が読みやすいものを選ぼう。

・十字レンチ

　普段の走行とサーキット走行でタイヤを替える場合は、タイヤ交換の機会が多くなる。車載のL字形のタイヤレンチでは作業効率が悪いので、タイヤ交換を頻繁にするなら、十字レンチが便利。価格も高いものではないので、是非揃えたい。

・ジャッキ

　ジャッキも車載のパンダグラフ型で

サーキット走行ではタイヤの空気圧管理は大切で、圧のチェックや調節を行なうチャンスは多い。アナログでもデジタルでもよいが、大型で目盛りが見やすく正確なものを準備したい。

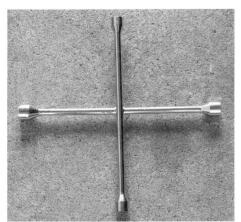

右中
車載のL字形レンチに比べ十字レンチは作業高効率が高い。手を滑らせなくても慣性でクルクル回せる構造にしたタイプもある。そう高価なものでもないので是非揃えたい。充電式の電動インパクトレンチが揃えられればさらに作業効率が高い。

右下
パンクによるタイヤ交換はごくまれな作業だから車載のパンタグラフ型のジャッキでよいかもしれないが、毎回サーキット用のタイヤに履き替えるのであれば、レバー式のガレージジャッキタイプにしたい。比較的軽量コンパクトなタイプがある。

第1章 サーキット走行の準備とルール

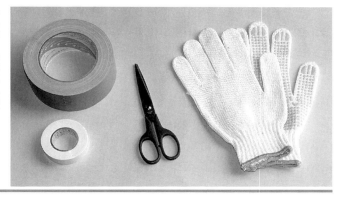

ビニールテープ、ガムテープ、ハサミ、軍手。ビニールテープはちぎろうとすると伸びてしまいうまく切れない。見栄えを良くするためには必ずハサミを使う。テープの色は車体の色に合わせたり、工夫するとよい。軍手は力を入れやすくするだけでなく、いざというときに手を保護してくれる。

は作業効率が悪いし不安定なので、できればガレージジャッキのようにレバーの上下で作動するタイプにしたい。現在は軽量コンパクトなタイプがある。

・ビニールテープ

　ガラスレンズのテーピングに使う。うるさくいわない場合もあるかもしれないが、このテーピングはガムテープでは不可とされることもある。ビニールテープは絶縁性があるのでバッテリー端子がむき出しの場合や配線被服が傷んだときにも、補修に使えるので必ず必要だ。

・ガムテープ（布製）

　ゼッケンを貼るのに使うほか、小物の固定や補修など使い道は非常に多い。

・ハサミ

　布製のガムテープは手で裂けるが、ビニールテープは難しい。力を入れて裂くと切り口周辺が伸びてしまい、貼ってから縮んだりして具合が悪い。ハサミを使うことできれいにゼッケンを貼ることができる。

・軍手

　特に力を入れる作業をするときに必要。力を入れやすくしてくれるし、いざというときに手を保護してくれる。また、ある程度手のよごれを防いでくれる。

・敷きシート

　ブルーシートとかレジャーシートなど、敷いたり掛けたりするビニールシートは車載物を置いたり、掛けたりするのに必要。

◆お奨め携行用品

・エアポンプ

　事前にガソリンスタンドで多めに入れておいて、現地で抜いて微調整するだけでも走行は可能だが、走行ごとにシビアにエア圧調整をする場合はエアの充填も必要になる。自転車用と同様の空気入れもあれば(バルブ部分は自動車用に対応)、足踏み式エアポンプ、クルマのバッテリー電源による携帯用電動エアポンプ等もある。いずれも価格はそれほど高くないので、携行するとよい。

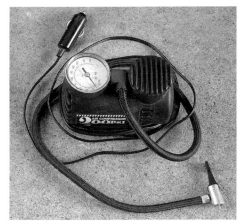

携帯用電動エアポンプ。電源はクルマのバッテリーで、シガライターのコンセントに差し込んで作動させる。電動といってもエアの充填に多少時間はかかるが、手動や足踏み式のポンプに比べたら楽で便利。

・レジャー用イス

　直接走行のために必要なモノではないが、自分の走行時間外にくつろいだり、他の人の走りを観察したりするのに必要なのが、イスである。サーキット走行を楽しむためにもくつろぎ休むためにもイスは大変有用である。

折り畳み式の携帯イス。自分の走行時間以外の時にくつろぐためと、他車の走りを観察する際にも役立つ。肘掛けのあるものなどいろいろあるので、好みのものをそろえるとよい。必備品ともいえる。

・ストップウォッチ

　ドライビングテクニックを磨くには、周回ごとのタイムがどうであったかを知る必要がある。そのフィードバックなくして上達はない。走り方を変えたときにタイムがどう変わったか、失敗したときどれだけタイムが落ちたかなど、それらを把握するためには毎周のタイム計測が欠かせな

第1章 サーキット走行の準備とルール

ラップタイムを計る基本的な機器がストップウォッチだ。現在はメモリーも完備しており、全ラップのラップタイムを呼び起こせる。

ラップタイムをリアルタイムに毎周表示する「P-LAP」というラップタイム表示システム。サーキットに埋設した機器との連動で車内のメーターに走り終えたその周のラップタイムが表示される。右下の写真はボディサイドにテープで取り付けたセンサー。このシステムを導入しているサーキットも増えている。

い。それを計るのがストップウォッチだ。同行者がいればピットでタイムを記録してもらえばよいが、特にピット要員がいない場合はステアリングホイールに取り付けて自分で計測できるストップウォッチもある。また、サーキットの設備と連動して車内に設置したメーターにラップタイムが表示されるシステムもある。自ら計るか他の人に頼むかは別にして、毎周のラップタイム計測はドライビングテクニック上達のために絶対必要である。

・牽引ロープ

クラッシュしたり故障して修理工場へ牽引する必要が生ずることもある。携行品に加えておくと安心。

・健康保険証

安全装備さえしっかりしていればサーキット走行もそう危険なことではない。

29

信号旗はいろいろあるが特に大切なのは黄旗と赤旗。サーキット走行を志すなら安全のためにもそれ以外の旗の意味を知っておこう。たいていはドライバーズミーティングで説明してくれる。

しかし、クラッシュ、転倒などで体にダメージを受けた場合、軽微でも一応病院で診てもらう必要がある。その時のために健康保険証は携行すべきだ。

信号旗

　サーキットのコース上はいつも平穏であるとは限らない。事故もあれば故障車も出る。前にスロー走行しているクルマもあれば、後ろから速いクルマが来ることもある。そうしたコース上の状況をドライバーに知らせるのが信号旗だ。大きなサーキットでは、コース全周の要所要所にコースポストが置かれ、そこからオフィシャルが状況により信号旗を使ってドライバーに状況を知らせる。しかし、ミニサーキットではすべてを見渡すことができることもあり、またそこまで経費をかけられないといったことから、コースポストは設けられていないことが多い。その場合はスタート・ゴール地点だけでのコントロールになる。

　いずれにしろ、サーキット走行を志すなら、信号旗がどのような意味を持っているのかを知る必要がある。JAFのA級ライセンスの講習会における実技テストは、主に掲出された信号旗に対応できるかを見るものだ。たとえば黄旗が激しく振られているところを、スピードを落とさず走ってしまうようでは不可というわけだ。したがって、まず信号旗の意味を知り、実際のサーキット走行時に対応できるようになることだ。

第1章 サーキット走行の準備とルール

ただ、走行会レベルではそうたくさんの旗は使われないことが多い。最も重要で使われる率の高いのは黄旗である。そのほか赤旗、黒旗、チェッカーフラッグ、これだけは必ず覚えておき、掲示されたらそれに対応できるようになっていなければならない。

◆信号旗の意味

・黄旗(イエローフラッグ):危険信号・追い越し禁止。

黄旗に関しては表示方法が3種類ある。不動表示は「コース脇に危険箇所あり」。振動表示は「コース上に危険箇所あり」。2本振動表示は「スローダウン、停止準備せよ」。

・赤旗(レッドフラッグ):危険。競技中止。

直ちに競技を中止し、必要に応じて停車可能な体制でピットに戻ること。

・緑旗(グリーンフラッグ):コースクリア。危険解除。

黄旗による信号合図の解除を示す。グリッド整列完了を示す場合もある。いずれにしろコース上に問題がないことを示す。

●サーキットで使われる信号旗

原則として振動表示				不動表示	
黄旗(危険信号)	速度を落とせ。追い越し禁止。 1本の振動:トラックわきあるいはトラック上の一部に危険箇所がある 2本の振動:進路変更あるいは停止準備。全面的または部分的にトラックが閉鎖されている。	赤旗(追い越し禁止)	レース・走行中止。すべてのドライバーは直ちにレースを中止し、細心の注意を払いながら必要に応じて停車できる態勢でピットレーン、あるいは競技会の特別規則に指定されている場所に進行すること。	黒旗	表示された数字の車両は次にピットエントリーに近づいた時にピットもしくは、競技会特別規則に指定された場所に停止しなければならない。(白数字付)
緑旗	トラックが走行可能(クリア)である。黄旗表示が必要となった事故現場の直後のポストで提示される。(黄旗の解除)	予選中 青旗(追い越し信号)	自分を追い越そうとしているより速い車両に進路を譲れ。	黒と白に斜めに2分割された旗	スポーツ精神に反する行為をしたドライバーに対する警告。(白数字付)
白旗	当該ポスト管理下にあるトラック区間に相当低速な車両が存在している。	決勝	周回遅れにされようとしている。なるべく早い機会を捉えて後続の車両を先行させる事。	赤の縦縞のある黄旗	トラック上にオイルまたは水があるために粘着性が低下している箇所がある。(路面が滑りやすい。)
国旗	(通常)レーススタート	黒と白のチェッカー旗	競技・走行終了	オレンジ色の円形のある黒旗	車両に機械的欠陥あり危険、表示された数字の車両は次の周回時に自己のピットに停止しなければならない。(白数字付)

31

・青旗（ブルーフラッグ）：追い越し車があることを知らせる。

　不動表示は「より速い車両が接近している。進路を譲れ」。振動表示は「より速い車両が追い越そうとしている。直ちに進路を譲れ」。

・白旗（ホワイトフラッグ）：コース上に低速車両あり。

　故障車や救急車など、コース上に低速車両が存在することを知らせる。

・黄色に赤の縦縞旗（オイルフラッグ）：路面が滑りやすい。

　オイルフラッグと呼ばれるが、必ずしもオイルとは限らず、路面が滑りやすいことを示す。水たまりの場合もある。

・黒旗（ブラックフラッグ）：ピットインせよ。

　ゼッケン番号とともに掲示され、その車両はピットインして指示にしたがう。ペナルティによるピットインの義務づけなどに使われる。

・黒字にオレンジ丸旗（オレンジボール）：車両にトラブルあり。ピットインせよ。

　ゼッケン番号とともに掲示され、ピットインの義務を負う。メカニカルトラブルの場合に使われる。

・黒白旗（警告旗）スポーツマンシップに反する行為の警告。

　ゼッケン番号とともに掲示される。走路妨害等のスポーツマンシップに反する行為への警告で、改善されなければ黒旗に切り替えられる。

・国旗（スタート旗）：スタート合図旗。

　レースのスタート合図にはそれぞれ国旗が使われる。日本ではもちろん日の丸。

・チェッカー旗（チェッカーフラッグ）：ゴールイン合図。

　競技車がゴールしたときに振る旗。

ドライバーの装備

　ドライバーの装備に関しては、JAFの公認レースの場合はかなり厳しい基準を持って運用している。しかし、走行会レベルにまでJAF公認レースの基準を当てはめたら、気軽に参加できなくなってしまう。無公認の走行会には統一機関はないので、装備に関しても統一した規則というものはない。しかし、最低限の装備が

第1章 サーキット走行の準備とルール

必要であるのは確かで、主催者により細部は異なってもおよその基準は存在する。最低限の装備は当然として、それ以上どこまで厳しく考えるか、それは最終的には自己責任で判断することになる。

その判断材料としてJAFのレースの基準をも示す。将来JAF公認レースへの参加も考えている場合には、最初からそれに則った装備品をそろえた方が無駄がなく、参考になるだろう。なお、手持ちの装備品がその走行会、イベントで許されるものかどうか微妙な場合は、個別に主催者に聞くことだ。

◆ヘルメット

サーキット走行に絶対必要な装備といえば、まずヘルメットだ。サーキット走行では、たとえフルアタックしない場合でも、ヘルメットの着用は必須である。ヘルメットのタイプとしてはフルフェイス型とジェット型があり、フルフェイス型は顔を覆う部分が多いだけ安全であり、できればフルフェイス型がお奨めである。オープンカーでなければジェット型でも構わない。しかし、耳の隠れない帽子型のヘルメットは不可とされる。

ヘルメットの価格は低価格のものから高価なものまでいろいろだ。価格が安い

ヘルメットは命も守る最も大切なもの。オープンカーでなければジェット型でもよいが、フルフェイスのほうが覆う部分が多いだけ安全性は高い。耳の隠れない帽子型のヘルメットはサーキットでは不可とされる。

ものでも外観上は高価なものと大差ないものもある。だが、材質、構造には大きな違いがあり、安全性の違いにもつながっている。命を守るものであるから、ヘルメットの購入の際は心して選ぶべきだ。

JAFの規定では、JAF（日本自動車連盟）またはFIA（国際自動車連盟）公認ヘルメットというのがあり、それの使用を奨めているが、JIS（日本工業規格）の「乗用車用安全帽」の基準に合致したヘルメットなら良しとしている。走行会でも乗用車用としてJISで認められたものを使用すべきだ。工事現場で使う作業用ヘルメットは不可だ。

バイク用のフルフェイスヘルメットは上下の視線移動が大きいので、4輪用よりも目の周りのえぐりが大きいのが特徴だ。とりあえず参加してみるならばバイク用フルフェイスでも構わないだろう。JAFの規則では2輪用でも「特殊ヘルメット」といってモトクロス用などのヘルメットは使用できない。また、オープンカーではフルフェイス型の着用が義務づけられている。

◆グローブ（手袋）

もうひとつの必需品は、グローブである。これは単にステアリングホイールに対して滑らないようにするだけでなく、クラッシュ時や火災時における安全上の見地から装着すべきものである。したがって、指先の出ているものや、手の甲側がメッシュになっているグローブは不可である。サーキット走行のためには普通のドライビンググローブではなく、袖口まで覆う長めのものが競技用としてあるので、そのようなレーシンググローブを用意すべきだ。

グローブはステアリングをしっかりつかむためでもあるが、クラッシュや火災時に手を守るものだ。指先の出たり甲がメッシュであるドライビンググローブは不可である。レーシングスーツの袖口までを覆う長めのものが市販されている。

◆シューズ（靴）

靴はレーシングシューズが望ましいし、JAF公認レースでは必須だが、走行会であればスニーカーでも問題ない。ただし、靴底が

第１章 サーキット走行の準備とルール

あまり厚くないものにすること。専用のレーシングシューズを見てみると、靴底が薄いことが分かる。これはブレーキやアクセルのペダル感覚をつかむためで、特にブレーキの微妙な反力を感じるためには厚い靴底、硬い靴底のものでは好ましくなく、レーシング走行には不向きである。

JAF公認レースではレーシングシューズは必備品である。走行会ではスニーカーでも参加できるが、できれば揃えたい。スニーカーの場合はペダルタッチを感じやすいように靴底があまり厚くないものを使用する。

◆レーシングスーツ及び服装

ドライバーの装備としてはもうひとつ、レーシングスーツがある。これはJAF公認レースでは必須だが、走行会では義務付けられていないのが普通だ。しかし、サーキット走行を継続的に楽しもうとするなら、専用のスーツを購入すべきだ。

レーシングスーツあるいはトライアルスーツといった専用の服がそろえられれば申し分ない。しかし、そうできなくても必要なものがある。長袖と長ズボンである。サーキット走行では半袖、半ズボンは安全上の見地から認められていない。真夏でも必ず長袖の着用が義務付けられている。JAF無公認であっ

レーシングスーツは耐火性があるほか、万一のクラッシュ事故でドライバーが気を失っているとき、外部から引っ張り出せるように肩ひもが必ず付いている。その機能は作業用のつなぎとは大違いであり、揃えるだけの意義がある。

てもこのことが徹底していない主催者であったら、その安全意識を疑ってよい。

　寒い季節であれば必然的に長袖を着ているだろうが、夏場では忘れがちになる。走るときの服装を考えて事前に用意しておくことを忘れずに。

クルマの装備

◆シートベルト

　是非ほしい装備の筆頭は4点式以上、いわゆるフルハーネスのシートベルトだ。特に義務付けはしていない走行会もあるが、サーキット走行をするには絶対と言っていいほど

4点式シートベルトはヘルメットとともに安全面で最も大切なもの。それだけで死亡や重傷を負うリスクは極端に減るはずであり、必ず用意すべき用品だ。これは標準の3点式に付加する形で取り付ける。

の重要装備だ。4点式シートベルトを締めてヘルメットをかぶることにより、転倒やクラッシュ時のドライバーの安全は飛躍的に向上する。これだけの装備を正しくしていれば、ミニサーキットのような最高速度があまり高くないコースであれば、かなり激しいクラッシュでも、不運なことがいくつも重ならない限り、命を落とすようなことはまずない。

　標準装備の3点式では、真正面からの衝突には有効でも、横や斜めに衝突したり、転倒した場合など、ベルトが体から外れる恐れが多分にある。やはり両肩をしっかり締めるベルトが必要である。

　4点式ベルトの装備に関しては、標準の3点式ベルトはそのままに、追加するかたちで装備する。これは3点式ベルトは保安基準上必要なものであり、取り外してはいけないからだ。公道では3点式が法的に認められたベルトになる。3点と4点の両者を常に装備するかたちにしてもよいが、4点式は普段は外しておいて、サー

第 1 章 サーキット走行の準備とルール

キットに着いてから4点式を装備してもよい。事前にアンカーを用意しておけば、その場で4点式を装備するのは簡単だ。

◆ロールバー（ロールケージ）

　ロールバーは転倒などの大クラッシュ時に室内空間を確保してドライバーを守るための装備だ。公認レースでは必須の装備だが、サーキット走行のレベルでは装着していなくても参加可能だ。特にミニサーキットなどあまり最高スピードが高くないサーキットを走るのであれば、ロールバーの装備がなくてもそれほど大きな危険はない。しかし、公認レースが行なわれるような大きなサーキットではスピードが出るので、クローズドボディのクルマでもロールバーは装着することが望ましい。

　ロールバーは装着するに越したことはないが、省くかどうかはサーキットの最高スピードの高さで考える。これは、運動エネルギーは速度の自乗に比例して大きくなるからで、たとえば80km/hのときの物体のエネルギーは160km/hではその4倍になる。スピードが高いとクラッシュしたときのエネルギーは非常に大きく破壊力も大きいからだ。

　なお、オープンカーではたとえ小さなサーキットであっても、ロールバーは必備品と考えること。最近のオープンカーは標準でロールバーらしきものが付いている

セダンやクーペなどクローズドボディのクルマでミニサーキットを走る分にはロールバーはなくても構わない。しかし、ハイパワー車で高速サーキットを走るならロールバーを入れた方が万一を考えると安心だ。

37

オープンカーの場合はロールバーは必備品だ。転倒した場合フロントピラーだけで支えるのは生存空間の確保からも難しい。最近は標準でロールバーに相当するものが装備されているクルマが多い。

場合が多いが、もしロールバーがないと転倒して逆さになったときに、フロントウィンドウと後部ボディを結ぶ線で着地するのでドライバーの安全空間の確保が難しくなる。さらに、フロントウィンドウはピラーのみで荷重を支えねばならないので、曲がってドライバーの安全空間がさらに狭くなる可能性が高いからだ。

　なお、JAFの登録番号付き車両によるレースの場合は6点式以上のロールバーの取り付けが義務付けられており、その寸法や取り付け方に細かな規定がある。公認レースへの参加でなくても、ロールバーの取り付けは経験のある専門ショップでやってもらうことが望ましい。

　ところで、ロールケージというのはロールバーが鳥かご(ケージ)のような形状をしていることから、一般的に6点式以上の複雑な構成のロールバーを呼ぶもので、ロールバーの別名である。

第2章　走行のための基礎知識

初めての走行

　車両をパドックからピットレーンへ入れて、いよいよサーキット走行が始まる。レースの決勝スタート以外はピットレーンから本コースに出ていく。このときに大切なルールがある。

　まず、ピットロードは作業エリアと走行レーンがある。自分のピットに向かうときも、ピットから本コースに出ていくときも、必ず走行レーンを走ること。自分のピットの直前で作業エリアに入り、出るときもすぐに走行レーンに出て加速する。作業エリアが空いていたからといって、そこをダラダラと走ってはいけない。作業エリアのピットマンは、自チームの車両のことで頭がいっぱいで他車への注意が行き届かないことが多い。走行レーンから作業エリアへの出入りには、接触事故が起きないように十分注意すること。

　また、走行レーンと本コースの間にピットサインを出すエリアがある場合は、サインマンが走行レーンを横断することがある。基本的にはサインマンが気を付けね

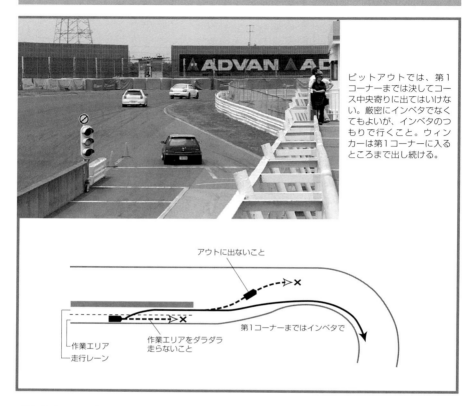

ピットアウトでは、第1コーナーまでは決してコース中央寄りに出てはいけない。厳密にインベタでなくてもよいが、インベタのつもりで行くこと。ウィンカーは第1コーナーに入るところまで出し続ける。

ばならないのだが、走る側も注意して、スピードを出しすぎないように。特に危ないのはサインエリアへ行くときよりも、サインマンがピット側に戻るときだ。

　ピットからスタートする場合、ウィンカーを出してピットの走行レーンに出て、そのままに本コースへと進む。ウィンカーは第1コーナー進入の手前まで出しておく。大切なことは第1コーナーまでは原則としてコースの端を走ること。ピットアウトした周は第1コーナーはインインアウトで回るつもりでいることだ。

　ピットレーンから本コースに出たとたんに、第1コーナーに対しアウトの位置を取ろうとして、斜めにコースを横切るように走るのは危険であるとともにルール違反である。たとえ本コース上を走ってくるクルマがないと思っても、コースの中央寄りに行ってはならない。本コース上を速いクルマが走ってきた場合、衝突

する危険がある。

　大きなサーキットで第1コーナーまでに長い距離があり、充分レーシングスピードに乗るような場合は、ずっとインベタでなく後方に注意しながら徐々にコースの中ほどに出ていってもよいが、あくまでも優先権はすでに周回中のクルマにあるので、アウト側の位置は譲らなくてはならない。

　ほとんどのJAF公認サーキットは、ピットが第1コーナーのイン側にある。大きなサーキットでの例外は大分県の「オートポリス」だ。この場合は、ピットアウトしたらそのまま左端を加速していき第1コーナーでアウトの位置を取ればよい。本コースを走るクルマは最終コーナーの立ち上がりが右側になるので、第1コーナーに向かってそこから徐々に左に寄っていくことになるが、ストレートが長くピットアウトするクルマもよく見通せるので、ピットアウトしたクルマがそのまま左端を走っていれば、イン側である右側から勝手に抜いていってくれるはずだ。あとは、第1コーナーへの進入時に、イン側から抜きに掛かっているクルマがいないかを確認しながらアプローチにはいることだ。

　ミニサーキットの場合は、ピットが第1コーナーに対してアウト側にある場合が多い。その場合はオートポリスの場合と同様にアウト側を進んで行けばよい。

本コース上をレーシングスピードで走ってくるクルマがあることを必ず意識してピットアウトすること。優先権は本コース上のクルマにある。

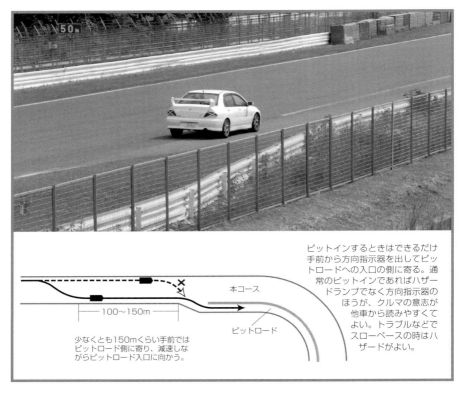

◆ピットイン

　本コース上からピットに戻るときには、ピットロードの入口よりかなり手前から準備をする。たいていのサーキットではピットロード入口はレコードラインから外れた側にあるので、まず最初にウィンカーを出す。そして進路を徐々に変え、コースの端に寄ったらスピードを落としてピットロードに入っていく。急に進路を変えたり、スピードを落としたりしないこと。まずはウィンカーを出してピットインの意思表示をすることが大切だ。

◆初めてサーキットを走る場合

　そのサーキットを初めて走る場合は、事前にコース図を入手しておき、コース

第2章 走行のための基礎知識

を頭の中に入れておくこと。コースを記憶するのは、ただ図形として覚えるのではなく、その図形から走りを想像して、それを通じてコースを覚える。そのサーキットの走行経験者が周りにいれば、事前にコーナーごとの使用ギヤやシフトの位置、その他注意点などを聞いておくとよい。車両やチューニングレベルが違うと自分にぴったりは当てはまらないだろうが、大いに参考にはなるはずだ。

　最初の1周は特に大切だ。コース図から想像はしていても、実際に走ってみると予想以上にきついコーナーがあったり、逆バンクのように感じられて予想以上に滑りやすかったり、図からは分からないことも実感するものだ。

　コースの状況が読めてきたら徐々にペースを上げていくが、最初は2～3周したらいったんピットインすることをお奨めする。初めてのサーキット走行は非常に緊張するもので、無我夢中で走行にのめり込むよりも、気持ちを落ち着かせるためにも一度ピットに入るとよい。それ以後、意外と余裕を持って走行できるものだ。

　すでにそのサーキットの走行経験はあっても、その日初めて走行する場合は、最初から力んでいくのは良くない。まずはマシンのウォームアップとドライバーのウォームアップをするために、軽く流すつもりで余裕を持って走り、コースの状況やクルマの調子を見る。普通のタイヤはレーシングタイヤほど温度による性能差はないが、それでも適度に暖まったほうがタイヤはグリップ性能を発揮する。その意味からも、2周は周辺の様子を見ながらの余裕を持った走行をする。

　ウォームアップがすんだら、いよいよ本格走行に入る。単にサーキット走行を

そのサーキットを初めて走るときには事前にコース図を入手しておき、コースの形を頭の中に入れておく。単なる形としてでなく、コース図から想像して使用ギヤなどを想定しておく。経験者から話を聞ければなおよい。

43

楽しむというだけの場合は、適度な安全マージンを取って走行すればよいが「もっと速く走りたい」「もっとうまく走りたい」あるいは「いずれレース出場を考えている」といった考えがあるなら、それなりに走りも違ってくる。

効果的な練習走行

　まず、走行枠が何分あるかにもよるが、ある程度の周回数でいったんピットインした方がよい。根を詰めた走りを最初から最後までし続けるよりも、一度ピットに戻って計測をしてくれているピットマンと会話したり、ここで自らも走りについて冷静に見つめ直す方がよい。そのほうが、やみくもにアタックし続けるよりタイムは上がることが多い。ラップタイムにもよるが、10分または10周とかを目安に考えるとよいだろう。

　ドライビングテクニックの向上のための練習方法で効果的なのは、速いクルマの後について走ることだ。駆動方式や排気量、チューニングレベルが違いすぎると参考にならないが、自分に近い条件で少し速いクルマが見つかれば申し分ない。そのクルマの後ろについて走り、まずはライン取りを参考にする。そして、ブレーキングのタイミングやそのときのクルマの姿勢などを読みとることだ。大切なのは、自分との違いがどこにあるのかを探すことだ。

効果的な練習方法として自分より少し速いクルマの後について走る方法がある。駆動方式や排気量、チューニングレベルが近いクルマが見つかれば申し分ない。走行ラインやブレーキングポイントなど後ろについて観察すると勉強になる。

違いを把握したら、ある程度その走りをまねして試してみる。自分よりラップタイムが良いということは、それなりに経験を積んだドライバーと思われるので、大いに参考になるはずだ。ただ、注意しなければならないのは、先行車と同じに走ろうとして無理をしないこと。条件が近いとはいえセッティングや性能あるいはドライビングテクニックのレベルが同じではないのだから、その点は考えておく。無理に先行車と同じブレーキングポイントまで頑張ってスピンするようなことがないように。

◆走らずに上達する方法

走り込んで経験を積むことはドライビングテクニック向上のために大切だが、走らなくても効果的にうまくなる方法がある。それは「他車の走りを外部から見る」ことである。自分の走行枠でないときに、他車の走りをコーナーに行って観察するのである。定点で見ていると、いろいろなクルマの走行法を見ることができるが、速い、うまい人の走りには共通したものが見えてくるはずである。ライン取りやブレーキングのタイミング、姿勢のつくり方、それらは大いに参考になるはずだ。

自分の走行時間でないときには他車の走りを外部から観察するとよい。定点で見ていると、うまい人、速い人のドライビングが見えてくる。講師やベテランの走りはライン取りや姿勢の作り方が大いに参考になるはずだ。

スピンやトラブルへの対処法

◆スピンしたら

　サーキット走行でタイムを追求していくと、スピンすることが必ずある。スピンを経験していないとしたら、まだ極限まで攻めていない可能性が高い。サーキット走行にスピンは付きものだから、スピンしたときの対処法も心得ておく必要がある。

　まず「スピンはもはや免れない」と判断したときにやることは、クラッチを切ってブレーキを踏むことだ。クラッチを切るのは、もちろんエンジンを止めずにすますためだ。エンジンが掛かったままか、止まってしまうかで、復帰の難易が違ってくる。

　ただ、クルマが完全に横向きになるということは、必然的に車輪の回転も止まることになる。したがって、車体のヨー角度が深くなるとエンジンがストール（いわゆるエンスト）する確率は高まる。どのくらいの角度でエンジンがストールするかは、アクセルの踏み込み度合いや車体の動きによるので一概に言えないが、アクセルを完全に抜くとストールしやすいし、ヨー角度が深くなるまでクラッチを切らずに粘るほどストールの確率は高まる。スピンしてもエンジンをストールさせないためには、早めに見切りを付けてクラッチを切り、ステアリングだけで姿

どのくらいの角度でエンジンがストールするかは、アクセルの踏み込み具合や車体の動きによるので一概に言えない。かなりテールが流れてもむしろアクセルを踏み込んでドリフト状態にして立て直すこともFR車ではしばしばある。

第2章　走行のための基礎知識

勢の立て直しを図ることだが、駆動力を抜かない方が立て直しに有効な面もあるので、どれが最善かは一概に言えない。ベテランのドライバーでも止まる時は止まる。

　スピンしたときブレーキを踏むのはクルマを直ちに止めるためだ。スピンして横を向けば必然的にクルマにはブレーキが掛かるが、後ろを向いたりしたときにブレーキを踏んでいないと、車輪が回ってそのまま後ろ向きに走って、最悪ガードレールにまで行ってしまうことがある。

　スピンしてクルマが止まってしまう場所もいろいろだ。まずはコース上に止まった方がよい。舗装していないエスケープゾーンに出てしまうと、不整地のため足回りを痛めたり、エンジンルームに大量の泥、砂、砂利などを取り込んでしまい、マシントラブルの原因になったり、復帰後のいくつかのコーナーでは自らまいた砂に乗って滑ってしまったり、不都合は大きい。そのためにも、なるべく早く止まるようにブレーキは踏んだ方がよいわけだ。

　スピンしてクルマが止まった場合、エンジンが掛かっていれば、落ち着いてギヤを1速に入れ直して立ち上がる。このとき大切なのは、他の走行車両の流れだ。スピンしたクルマがコースの進行方向を向いて止まっていればよいが、横を向いたり後ろを向いていることが多い。その場合は、再走行のためにはコース幅を使って横切ったりUターンしなければならないので、後続車が来ているかどうかは非常に重要だ。後続車の走行を妨げたり、接触しないように細心の注意が必要

スピンしてエンジンが止まってしまっていたら落ち着いてエンジンを再始動する。エンジンが掛かっていればギヤを1速に入れ直して立ち上がるが、後続車の走行を妨げないように注意してコースに復帰する。

47

だ。優先権は後続車にある。

　JAF公認レースなど運営がしっかりしたイベントでは、コースオフィシャルが直ちに黄旗を振って後続車にコース上の異変を知らせてくれるが、走行会によってはオフィシャルが全ポストにいなかったり、いても経験不足の人であったり、対応が充分とは言えない場合も多い。後続車が勢いよく走ってくることもあるので、無理してコース復帰をしないこと。冷静に状況を判断することだ。

　JAF公認コースなどでエスケープゾーンが深い砂の場合など、脱出不能になることがある。その場合はあきらめるしかない。脱出可能であればコースに復帰するが、エスケープゾーンの路面状況をよく見て、クルマにダメージを与えないようにゆっくり脱出し、コースに戻る。このときも、後続車の流れに充分注意すること。コースに戻ったところがレコードライン上である場合は仕方がないが、しばらくはコースの端のほうを走って取り込んだ泥や砂利を落とす。できるだけレコードラインを汚さない配慮もほしい。

　エンジンが止まってしまった場合は掛け直すが、案外再始動に手間取るシーンを見かける。相当なチューニングカーでは掛かりが悪いこともあるが、ノーマルエンジンの場合はすぐに掛かるはずである。焦って変にアクセルを踏みすぎたりせず、落ち着いていつもどおりの掛け方を行なおう。

コースに復帰するときはエスケープゾーンの路面状況をよく見てクルマにダメージを与えないようにゆっくり脱出する。このときコース上のクルマの邪魔にならないように充分注意する。

第2章 走行のための基礎知識

◆マシンからの離脱

　単純なスピンであればたいてい走行に復帰できるが、場合によってはエンジンがどうしても掛からなかったり、エンジンは掛かっても駆動系はじめ他の箇所のトラブルで走行不能になることもある。この場合はあきらめてクルマを放棄してドライバーはそこから離れなければならない。このときに重要なのが、脱出のタイミングだ。特にクルマがコース上に止まっているとき、ましてやそれがレコードライン上であったら後続車に突っ込まれる可能性が高くなる。

　クルマからの離脱を決意したら、まず後続車の流れを見る。後続車が途切れたときを見計らって、素早くシートベルトを外してクルマを脱出、走ってガードレールの外に出る。大切なのは他車に突っ込まれる可能性を考えて、シートベルトは脱出の直前までは外さないこと。

◆マシントラブルが起きたら

　走行中にクルマにトラブルが発生し、全開走行ができなくなることがある。直ちにクルマを止めなくてはならない緊急事態でなければ、スロー走行でピットまで戻ってくる。スロー走行はウィンカーを出したままコースの端を走る。スロー走行に入ったとき、ピットロードの入口のある側にいれば問題ないが、逆の位置にいた場合、どこかでコースの反対側に移らねばならない。このタイミングは、

トラブルなどでクルマを止めるときは、コースからできるだけ離れて、ガードレールのそばまで寄せる。マシンをチェックするのはやめて直ちにガードレールの外に避難する。

49

コーナー区間を避け、なるべく見通しのよい直線区間でウィンカーを出して徐々にコースを斜めに横切っていく。なお、スロー走行時はもちろん、コーナー区間に来てもアウトインアウトは止めて、インベタまたはアウト側を通ってピットに向かう。

走行中のトラブルによっては、走行不能になったり、走行を直ちにやめた方がよい場合も起こり得る。このような場合はクルマをどこに止めるかが重要になる。これは当然ながら、なるべく他車の走行の邪魔にならず、安全な場所を選ぶ。したがって、最終的にはコースを外れエスケープゾーンに乗り入れるが、できるだけガードレール寄りの位置まで進めて止める。

コースを外れればどこでもよいかというと、そうではない。エスケープゾーンでもコーナーの中から出口の外側は特に危険だし、出口のイン側もマシンが飛び込んでくる危険性が高いところだ。駆動することが困難になってしまったクルマでは、必ずしも思ったところに止められないかもしれないが、比較的安全な場所がどこかをクルマの速度、勢いがあるうちに素早く判断する。判断が遅れて、結局コース上に半分クルマが残ってしまった、などといったことにならないように注意しよう。

トラブルの場合は必ずしも思い通りの場所に止められないかも知れないが、比較的安全な場所がどこかをクルマの勢いがあるうちに素早く判断する。コース上にクルマが半分残ってしまった、などとならないように。

第2章 走行のための基礎知識

◆クラッシュ、転倒したら

　不幸にもクラッシュしたり、転倒する場合もあり得る。軽いクラッシュで走行可能であればスロー走行でピットに向かえばよいが、走行不能になった場合はやはりクルマから離脱しなければならない。これについてはすでに述べたとおりだ。ただ、クラッシュした場合は、クルマの損傷がどの程度か知りたくて、クルマから離れずにクルマの下回りをのぞき込んだりする人がいるが、これは危険である。その場で観察しても損傷の程度が軽くなるわけではないのだから、とにかくガードレールの外に出よう。

　転倒した場合、元に戻った状態で止まればよいが、横倒しの状態や逆さの状態で止まったときには直ちに脱出することを考える。なぜなら、火が出る可能性があるからだ。コース上に、それもコーナーの中でストップした場合はさらに後続車に突っ込まれる危険もある。例外的な場合を除いてベルトも直ちに外して脱出する。ドアが開かない場合は、窓やリヤゲート、フロントウィンドウが外れたりしていたらそこからでもよい。とにかく早くクルマから脱出することを試みる。

クラッシュした場合、損傷が少なければそのまま再走すればよいが、走ることでダメージが広がるようなら諦めてクルマから離脱する。転倒の場合は火が出る可能性があるので、直ちに脱出する。

複数台が同時に走るサーキット走行では、時に接触や衝突事故が発生する。コース上で他車と絡んで事故が起きたら、クルマのダメージによりピットまで戻るかその場にストップするか判断する。

そして、後続車に注意してコース外に避難する。

◆他車との接触と事後処理

　サーキット走行は複数台が同時に走るので、時に接触事故や衝突事故が発生することがある。コース上で他車と絡んで事故が起きた場合、クルマのダメージによりピットまで戻るか、その場にストップするかの選択になる。軽微な損傷であれば当然ピットまで戻るが、走ることにより損傷が拡大する可能性があるときは、無理せずマシンを安全な場所に移してクルマから去ろう。相手もその場に止まる場合もあるだろうが、そのまま走行を続ける場合もあろう。いずれにしても相手との話はその後のことで、まずは可能な限り安全な場所へクルマを移動する。クルマの損傷の具合を観察するのはやめて、自らもガードレールの外に出ることだ。

◆サーキット事故の掟！

　サーキット内での事故の原則は「損害は自分持ち」である。公道での交通事故のようにどちらが悪いとか、過失割合がどうかは関係ない。双方とも自分の損害は自分持ちであり、相手に損害賠償を要求することはできない。前車のスピンに巻

第2章 走行のための基礎知識

き込まれてクラッシュしたり、競り合ってはじき出された結果クラッシュしたりしても、車両の修理代を請求することはできないのである。

　したがって、自分が原因で相手に損害を与えてしまった場合も、相手に補償をする必要はない。ただ、誤解しないでほしいのは、謝罪しなくてよいという意味ではないことだ。内容によっては自分の過失を認めたり、相手の過失を追及したり、事故の原因について話し合ったりすることは自由であり、またその必要もあるだろう。双方とも過失への謝罪はあっても損害に対する補償はないのがサーキットの掟であると心得よう。

53

第3章　走りについての基礎知識

タイヤのグリップ

◆**タイヤは摩擦の法則に従わない！**

　タイヤのグリップは一般的にタイヤと路面の摩擦によるものとされている。学校の物理で習う静止摩擦と運動摩擦の法則では、摩擦力（F）は圧力（N）と摩擦係数（μ）で決まり、接触面積は関係ないとされている。

　数式では「$F=N\mu$」と表わされ、ここに接触面積は出てこない。

　つまり、どの面も摩擦係数が同じである右頁の図のような直方体の物体があるとする。この物体を押すのに、どのような置き方をしても押すのに必要な力は同じである、というわけだ。立てても寝かせても、摩擦力は変わらない。立てると底面の接触面積は減るが、その分同じ重さ(圧力)を狭い面積で受けるので、単位面積あたりの圧力は大きくなり、摩擦力としては変わらないというわけだ。重さに関係なく接触面積が小さい方が摩擦も小さくなるとすれば、極端に接触面積を小さくすれば

第3章 走りについての基礎知識

クルマの運動性能はすべてタイヤを媒介して成り立っている。タイヤのグリップについて認識することはドライビングテクニックを磨く上で非常に役立つはずだ。

よいことになる。だが、そんなことがないことは、実生活でも感じられる。

だが、待て。そうすると、幅広の太いタイヤをはくとグリップが増すというのが、嘘になってしまう。タイヤの摩擦（グリップ）は車両重量とタイヤと路面間の摩擦係数で決まるはずで、タイヤの路面への接触面積は関係ないはずだから。つまり、幅広タイヤでは接地面は広くなるが、単位面積あたりで受け持つ重量は小さくなるので、摩擦が増えることはない。しかし、実際にはレーシングカーでも普通の量産車でも、タイヤは太い方がグリップが良いというのも、確かなことだ。この矛盾

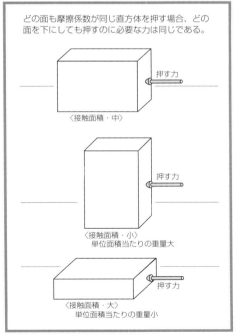

どの面も摩擦係数が同じ直方体を押す場合、どの面を下にしても押すのに必要な力は同じである。

〈接触面積・中〉

押す力

〈接触面積・小〉
単位面積当たりの重量大

押す力

〈接触面積・大〉
単位面積当たりの重量小

押す力

55

トレッドが広い方が大きなグリップが得られる。
摩擦の理論であるクーロンの法則では、タイヤ幅が広い方がグリップがよいとは説明がつかない。

摩擦の概念と粘着の概念にはっきりした境界はないが、スポーツ性の高いタイヤほど粘着性は高い。

をどう考えたらよいのだろうか。

　実は摩擦というのはひとつの要因で発生するのではなく、いくつもの要因があり、そう単純な現象ではないのだ。結論から言うと、硬い物体同士の摩擦と、柔らかいものと硬いものとの摩擦では、様相が違うのだ。それは、いくつかある摩擦発生の要因のうち、どれが大きく作用するかで変わってくる。したがって、硬いもの同士を前提とした物理の教科書での摩擦の法則が、そのままタイヤに関しては当てはまらないのである。

　摩擦は英語で「フリクション」というが、タイヤのグリップを語るには「アドヒージョン」という言葉が使われる。まさに粘着の概念なのである。走行後のまだ熱いレーシングタイヤのトレッド面などに手で触れてみると本当に「ベトベト」感があり、まさに粘着であることがよく分かる。粘着であるから、接触面積が増えれば

摩擦の法則どおりならば加減速、コーナリングで1G以上のGが掛かることはなく、ラップタイムは大幅に落ちる。実際にはタイヤは粘着の概念の世界にある。

56

第3章 走りについての基礎知識

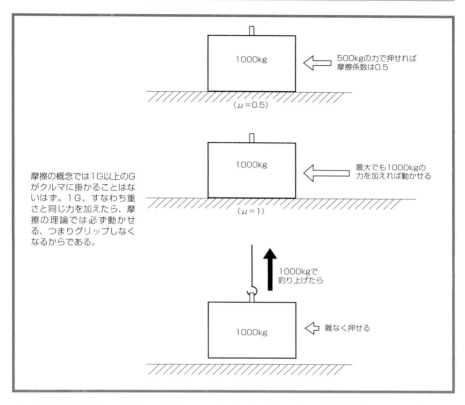

その抵抗力も増す。幅広い粘着テープのほうがしっかり貼り付けられるのと同じである。テープの場合は押し続けることはないが、タイヤの場合は通常荷重が掛かっているので、押し付ける力も働いている。この力が大きければ抵抗力も比例して増すことは固体の摩擦の場合と変わらない。

摩擦の公式$F=N\mu$に接触面積が比例関係で絡んでくるわけである。

硬いもの同士の摩擦では、たとえば摩擦係数μが0.5であれば1000kgの物体を真横に押すのに500kgの力が要る。逆に言うと、1000kgの物体を押すのに500kgの力が必要なら摩擦係数μは0.5である。摩擦係数は1が最大で、それ以上はない。つまり、1000kgの物体を真横に押すのにその重さ以上の力を要するということはない。それは摩擦の概念を越えて、なにかに引っ掛かっていたり、粘っていること

になる。なぜなら1000kgという力は、もし物体を上方に引っ張ったとすると、物体はつり上げられて摩擦はゼロになる力であり、その状態では難なく押すことができることを意味しているからだ。

　タイヤというのは、このような硬い物体の摩擦の概念を越えて、粘着の概念であるという意味がこれでお分かりだろう。ただし、摩擦か粘着かは境界がはっきりしているわけではない。物体の硬さや性質により徐々にその特性が変わっていくと考えた方がよいだろう。たとえば同じタイヤでも普通のタイヤよりレーシングタイヤの方がより粘着の性質が顕著である。

◆グリップの正体

　ここで、タイヤのグリップとは何かを考えてみよう。すでに述べたようにタイヤのグリップを生む摩擦というのは単純でなく、微視的に見るといくつかの要因から発生している。タイヤの摩擦力といわれているものには凝着摩擦、変形損失摩擦、掘り起こし摩擦の三つが挙げられる。

　凝着摩擦は、タイヤの分子と路面の分子というミクロの世界で分子間引力が働き引き合うことにより発生する力である。この引き合う力を引き離すには抵抗が生じるわけで、それがグリップになるとともに走行抵抗にもなる。

　変形損失摩擦は、路面の微視的な凹凸によりタイヤのゴムが変形するために生ずるエネルギーロスによる抵抗力である。変形するときにもまた戻ろうとするときにもタイ

タイヤに働くのは摩擦というより粘着の理論である。競技用タイヤなど特に高性能なタイヤほど、タイヤに粘着性があることが分かる。

58

第3章 走りについての基礎知識

ヤ分子に力が働き、それがエネルギーロスとなる。ヒステリシスロスとも言われ、これが摩擦力になる。

掘り起こし摩擦は路面の微視的凹凸でタイヤが削られたり引きちぎられたりするために生ずる抵抗力である。タイヤが摩耗して減っていくのは、この掘り起こし摩擦によるもので、一般的にスポーツ性の高い高性能なタイヤほど減りも早い。競技用のSタイヤやレーシングタイヤなどでは極端にこの摩擦が大きく、サーキットのコース脇にはゴムの固まりが多数落ちているのを見ることができる。

なお、雪道でのスタッドレスタイヤのグリップについては「雪柱剪断力」といった別の抵抗力に基づいているが、ここでは省略する。

タイヤの重要性と摩擦円

クルマがその性能を発揮するのは最終的にタイヤと路面の関係で決まる。いくらエンジンの高馬力を誇っても、タイヤにそれに見合った能力がなければ、その馬力は生かされない。いくら高性能のブレーキシステムを持っていても、タイヤにそれに見合った能力がなければ、やはりブレーキ性能は充分に発揮できない。コーナリング性能も同様で、いくら高機能なサスペンションを持っていても、タイヤの能力を越えたグリップは得られない。

クルマがその性能を発揮するためには最終的にはタイヤと路面との関係で決まる。いくらエンジン性能が高くても、いくら強力なブレーキを備えても、タイヤがプアではその性能は生かされない。

このように、スポーツ性能を語るとき、タイヤは非常に重要な役割を演じていることを知らなければならない。よく「ハガキ4枚」の面積でクルマをすべてコントロールしているといわれるが、タイヤはこのわずかな面積で、大パワーを路面に伝えたり、1トン以上のクルマの急減速、急旋回を支えるのである。

　ところで、タイヤのグリップは上記のように加速、減速、コーナリングの三つの場面で必要だ。そのうち加速と減速は反対方向に働く力で、同時に働くことはない。コーナリングはそれとは方向が異なる力で、加速や減速と同時に行なわれることが多い。この方向の異なるグリップ力については、摩擦円という概念がある。サーキット走行をする場合はこれを理解して、ドライビングに生かすことが大切だ。

　摩擦円というのは、タイヤの粘着力すなわちグリップ力の限界の高さを円で表わしたものである。加速や減速で働く力と、コーナリングで働く力をベクトルで表わしたとき、その合力はその円を超えることはできない、という考え方を表わしている。ベクトルというのは方向性を持った力のことで、同じ地点からの方向の異なるベクトルは、合力として一方向の力と考えることもできる。つまり、このベクトルの合力はグリップ限界である摩擦円を超えて大きくはできない、というわけだ。

　実際の場面で考えてみよう。フルブレーキングしてタイヤの縦方向のグリップを100％使ってしまうと、横向きに踏ん張る力は働かず、不安定になることを意味

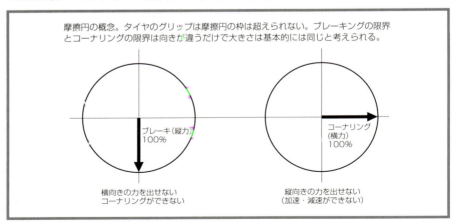

摩擦円の概念。タイヤのグリップは摩擦円の枠は超えられない。ブレーキングの限界とコーナリングの限界は向きが違うだけで大きさは基本的には同じと考えられる。

第3章　走りについての基礎知識

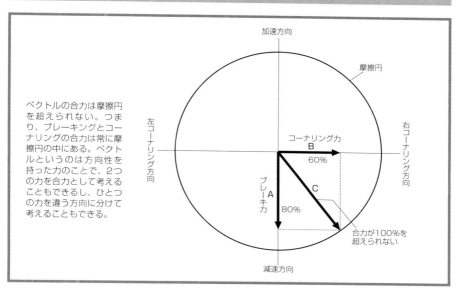

する。また、コーナリングで横方向のグリップを100％使った状態で、アクセルを開けたりブレーキを踏むとグリップを失ってスピンしたりコースアウトしたりする。また大パワーの後輪駆動車で、ハンドルを切ったまま急発進した場合など、駆動力だけで摩擦円のグリップ限界に達してしまうので、横方向への踏ん張りが効かずに簡単にテールスライドして、その場でスピンしたりする。

　このように、グリップの限界は駆動力または制動力の縦方向の力と、コーナリングに耐え得る横方向の力の合力によって決まる。このことを理解してステア量とアクセル開度、またはステア量とブレーキ踏力を状況により調節することが大切になる。

　縦方向と横方向に使えるグリップ力の関係は、ベクトルの合力の計算になるので、単純な引き算ではない。つまり、ブレーキ力に80％使ったからといって、100－80＝20％ではない。これは直角三角形の各辺の長さを求める式から簡単に導き出される。つまり、

$$B = \sqrt{C^2 - A^2} = \sqrt{100 \times 100 - 80 \times 80} = 60$$

ということで60％になる。

61

ブレーキ力(縦力)を何%使ったときにコーナリング力(横力)におよそ何%使えるかを表にすると次のようになる。

ブレーキ力　　コーナリング力

99%　→　10%
98%　→　20%
95%　→　30%
90%　→　44%
80%　→　60%
70%　→　71%
60%　→　80%
50%　→　87%
40%　→　91%
30%　→　95%
20%　→　98%
10%　→　99%

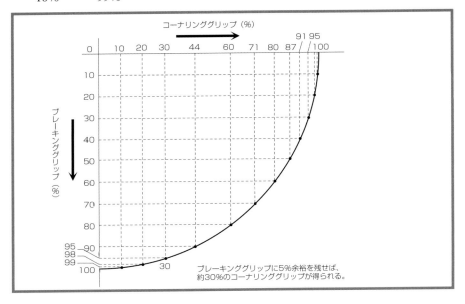

ブレーキンググリップに5%余裕を残せば、約30%のコーナリンググリップが得られる。

第3章 走りについての基礎知識

ブレーキングを残したコーナーへの進入。ブレーキ力を少し緩めて、その分をコーナリング方向のグリップに振り分けているわけだ。

　これから分かることは、ブレーキ力をわずかに減らすだけでかなりのコーナリング力が得られることだ。逆に、コーナリング力をわずかに減らすだけでかなりの加速力、またはブレーキ力を得ることができる。

　実際の場面で考えると、コーナーに進入するときにブレーキを残しながらステアリングを切る場合や、コーナーを脱出するときにステアリングを徐々に戻しながらアクセルを踏んでいく場合に、この力関係がタイヤに働いていることになる。

　古いドライビングテクニック論では、ブレーキングは直線的に行なってから、コーナリングに入るようなことが言われた。しかし、ブレーキングを直線的に行なう原則は変わらないが、現在はコーナー進入時にブレーキングを残しながらステアリングを切り始めるのが普通だ。それはFF車のようにアンダーステア傾向の強い車両では、ステアリングの切り始めにうまく向きを変えるためには、特に必要なことになっている。

タイヤの特性

◆スリップアングル

　ステアリングを切るとクルマが曲がるのは、タイヤに曲げようとする横向きの力が働くからである。これをコーナリングフォースという。なぜ進行方向に直角、す

63

なわち横向きの力が発生するかというと、タイヤにねじれが生じているからである。つまり、タイヤの向きと、進行方向に角度のズレがあるのだ。このズレの角度をスリップアングルというが、普通にクルマが曲がるときには遠心力も小さいので、ごく小さなスリップアングルでしかない。しかし、サーキット走行のような限界でのコーナリングでは、大きな遠心力に耐えるためにコーナリングフォースも大きくしなければならない。どのようにして大きなコーナリングフォースを得るかというと、スリップアングルを大きくするわけである。

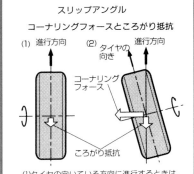

コーナリングフォースは、スリップアングルを増せば大きくなる。しかし、下図のようにある限度を頂点として、かえってコーナリングフォースが落ちてしまう。どのくらいの角度がピークになるのかはタイヤの種類によって異なる。一般に、普通のタイヤよりも高性能タイヤのほうが角度が急で、高さも高い。レーシングタイヤはさらに急角度で立ち上がる。つまり、高性能なタイヤほどわずかなスリップアングルで大きなコーナリングフォースを発揮するので、ステアリングの応答性がよく、グリップレベルも高い。

しかし、角度がちょっと大きすぎると、グリップはかえって落ちてしまう。たとえば、テールが多めに流れてしまったときには回復が難しくなる。普通のタイヤならまだ粘ってくれる角度でも、競

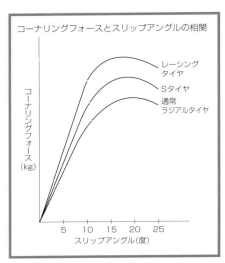

技用タイヤでは粘らずにスピンしたりする。うまく扱えば速いが、それだけシビアなドライビングが要求される。ドリフト状態は決してグリップの高いところを使っているのではない。

よくある過ちは、ステアリングを切っても回らないからといって、さらに切り足して限界のスリップアングルを超えてしまうことだ。そうすると、かえって曲がらず大きな切り角のまま真っ直ぐ進んでしまうことになる。特にコーナー進入時にブレーキングに失敗した場合など、大きくステアリングを切ったまま真っ直ぐ行ってしまうことがよくある。ただ、ABSが付いていると、強いブレーキングをしながらステアリングを切っても、案外曲がってくれるので、それだけ安全性は高まっている。

いずれにしろ、スリップアングルは大きすぎるとかえってグリップは落ちるということを覚えておこう。

◆スリップ率

タイヤは1回転すれば円周の距離だけ進むのが普通だ。しかし、スタート時や低速ギヤでコーナーを立ち上がるときなど、ホイールスピンを起こすと、円周の距離だけ進まなくなる。極端な場合は、ほとんど進まないといったこともあり得

タイヤが1回転するとタイヤの円周の距離だけ進むのが普通だが、ホイールスピンやブレーキングでホイールをロックさせると円周の距離と進む距離にズレが生じる。このズレがスリップ率で若干のスリップ率があるほうがグリップ力は高い。

る。このズレをスリップ率という。たとえば、円周の90％の距離を進んだとすると、スリップ率は10ということになる。これは、ブレーキングの場合も向きが逆であるだけで同様である。加速時やブレーキング時に一番グリップの良いスリップ率は実は20％あたりにあるという。すなわち、スタート時にはわずかにホイールスピンをさせた方がよいことになる。また、ブレーキングでもわずかにロックするくらいがベストなブレーキングになる。

　ただし、いずれもそれを過ぎるとグリップは一気に落ち込む。20％のスリップ率を体感するのも難しいのが現実だ。したがって、スタートやブレーキングでも、やや滑らせるくらいがベスト、という程度に理解しておくだけで、20％を追求する必要はないだろう。

コーナリングの力学的意味

　クルマが曲がる、すなわちコーナリングするということがどういうことなのか、まず考えてみよう。クルマにしろ、飛行機にしろ、船にしろ、物体は慣性の法則により基本的にその状態を維持しようとする。止まっている物体はずっと止まっていようとするし、動いているものはそのまま真っ直ぐ動き続けようとす

クルマがコーナリングするということは、クルマの進行方向に対して横向きの力が働いていることである。その力はタイヤのグリップから得られる。

第3章 走りについての基礎知識

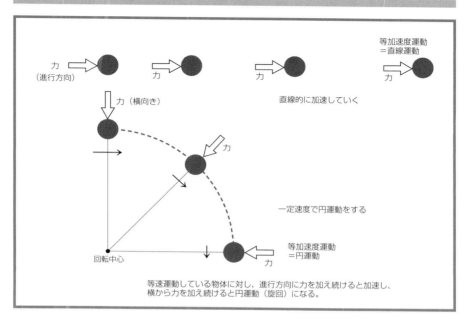

る。いわゆる「等速直線運動」が基本だ。

　止まっている物体に一度力を加えるとその力の分だけ加速し、後は一定の速度で動き続ける、つまり等速直線運動にはいる。力を一度だけでなく、同じ方向にずっと与え続けると、物体はドンドン加速していく。これは「等加速度運動」である。クルマの場合は駆動系の抵抗や空気抵抗が大きくなってくるので加速は次第に鈍くなり、ある速度で釣り合ってそれ以上加速しなくなるが、これが宇宙空間のように抵抗のないところでは、さらに加速していき光の速度に近づいていく（ただし、光の速度に接近するとニュートン力学から相対性理論の領域に入っていき、光の速度にまでは達しない）。

　物体に加え続ける力が、進行方向の場合はドンドン加速していくわけだが、力を真横から加えるとどうなるかというと、円運動になるのである。これも等加速度運動といわれる運動だ。つまり、加え続ける力が進行方向か横方向かで、加速運動か円運動すなわち旋回運動に分かれるのである。クルマのコーナリングはこの旋回運動であり、等加速度運動のひとつなのである。

67

この横向きの力は向心力とか求心力とか呼ばれる。糸の先に重りをつけて振り回したとき、糸がピンと張って引っ張られる力と同じものである。クルマが旋回するときの向心力はタイヤによって発生させている。ステアリングを切ることによりタイヤに向心力を発生させ、曲がることができるわけである。

◆旋回は「公転＋自転」の運動

ここでクルマのコーナリングをもう一度見てみよう。コーナリングというのはクルマが公転しながら自転もするという複合の運動である。公転だけというのは、物体の運動としては考えられるが、クルマの場合はあり得ない。たとえば180度回り込むコーナーを考えた場合、クルマはコーナーの真ん中では横向きに走らねばならないし、出口では後ろ向きになっていることになる。これはあり得ない。自転だけというのはその場でスピンするだけでコーナリングにはならない。

クルマの旋回は向心力をタイヤから得ているわけだが、前後左右4つある。これが単純な物体の円運動と異なる部分で、ステア特性の意味するところがここにあ

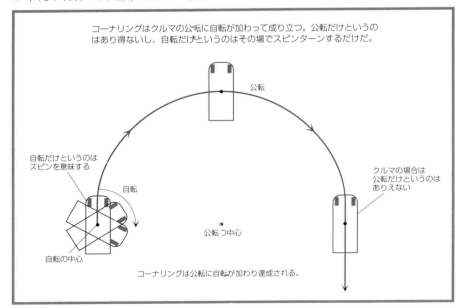

第３章　走りについての基礎知識

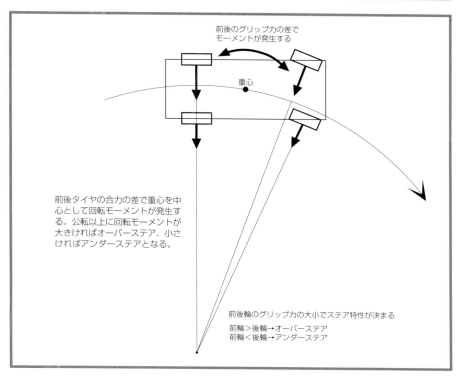

る。つまり、向心力は車両の重心で発生しているわけでなく、前後左右の4つのタイヤで発生している。したがって、特に前後のタイヤの向心力の大きさの違いが、重心を軸としてクルマを回転させようと作用する。この回転させようとする力を「回転モーメント」というが、これがクルマを自転させるわけだ。

　コーナリングするとき、公転の角度と自転の角度が同じなら、ごくスムーズに回り込む。たとえばクルマが90度公転したとき自転の角度も90度ならちょうど良い。しかし、このとき自転が95度も回っていたら回りすぎで、ステアリングを戻すなど修正舵を当てなければならない。これはオーバーステアの状態である。逆に90度公転したときに自転が85度しかしていなければアンダーステアであり、ステアリングを切り足さねばならない。この公転と自転の関係がステア特性である。

　オーバーステアが強すぎるとスピンしやすくなるし、アンダーステアが強すぎ

るとなかなか曲がらずコースアウトしやすくなる。

◆ステア特性

　普通に公道を走っているときにはステア特性を意識することはほとんどない。しかし、サーキットでコーナリング限界付近で走行するときには、このステア特性が大きな意味を持ってくる。ステア特性はアンダーステア、オーバーステア、その中間のニュートラルステアの3種類を表現するもので、ステア特性の力学的な意味は上記のようだが、実際の現象として見ると、次のようになる。

　一定半径の円を周回するいわゆる定常円旋回において、スピードを徐々に上げて限界に達したときに、前輪が逃げてステアリングを切り足しても大回りになってしまうのがアンダーステア、逆に限界で後輪が滑り出しスピン状態に陥るのがオーバーステアである。ニュートラルステアは前後とも同時に滑り出し、姿勢は保ったまま大回りになる状態だ。

　このステア特性は同じクルマでも小さいコーナーと大きなコーナーで特性が異なったり、減速時と加速時で異なったり、あるいはタイヤの減り具合、空気圧などで異なったり、燃料の量で異なったりする可能性がある。同じクルマでも条件によってその特性はいろいろと変化するものである。レーシングカーでマシンのセッティングというと、このステア特性のセッティングが大きな比重を占める。

コーナリングはクルマが公転するとともに自転して達成される。公転に対して自転が小さければアンダーステア、大きければオーバーステアとなって現われる。

第3章 走りについての基礎知識

◆重心付近への重量の集中は動きを俊敏にする

　自転は先に述べたように前後タイヤの向心力の差により起こるが、自転のしやすさにはクルマの重量物が重心近くに集中しているか、分散しているかでも差が出てくる。エンジンのミッドシップの考え方はまさにそれで、なるべく重量物を重心に近づける考え方だ。改造車の世界ではフロントミッドシップという言葉もあるが、これはFR車のエンジンをできるだけキャビン側に寄せて搭載するものだ。バッテリーなどを室内の重心近くに移したりするのもポピュラーな方法だ。WRCにおけるラリーカーなどは、コ・ドライバーが極端に低いばかりでなく後方に座っているが、これも重量物を重心に近づける考え方だ。このほうが操縦性はクイックになり、自在に向きを変えやすい。反面、テールが流れ出したときはその動きもピーキーで、スピンしやすい。そのため、素早いステアリング操作が必要になる。

　それでは、かえって重量が分散していた方がいいのでは、と考えるかもしれないが、そのようなクルマでは自転を起こしにくいのでステアリングの応答性が悪い。さらに、いったん自転し出すと慣性の法則でいつまでも自転を続けようとするので、カウンターステアなどの修正舵を当ててもステアリングの応答性が悪

WRCのラリーカーではコ・ドライバーは通常より後方で非常に低い位置に座っている（写真は左ハンドル車で右席がコ・ドライバー）。これは重量を重心位置に近づけるとともに低重心化を狙ったものだ。

く、粘るけれども俊敏にクルマを操ることが困難になる。やはりモータースポーツのためには扱いづらくない範囲で、応答性の良いクルマが理想なのである。

操縦性を表現する言葉に「回頭性が良い」とか「頭がよく入る」といったものがある。これはクルマの公転よりむしろ自転のしやすさを表現したものだ。もちろん、回頭性を良くする要素はほかにもたくさんあるが、コーナリングは公転だけでなく自転も大切な要素なのである。

◆荷重移動

ステア特性に大きな影響を与えるのが荷重移動である。クルマは通常四つのタイヤで車重を支えているが、必ずしも4分の1ずつ同じ重さを受け持っているわけではない。前後はもちろん左右でも違う。左右については1名の乗車ではドライバー側が重くなるのが普通だが、左右の重量配分についてはあまり論じられない。しかし、前後の重量配分というのは重要で、操縦性にも深く関わってくるので、スポーツ性の高いクルマではメーカーが公表することもある。前後比50対50が理想ともいわれるが、駆動方式やエンジン搭載位置で必ずしもそうはならない。たとえば、FF車では重量物が前に集中するので、フロントヘビーすなわち前のほうが重いのが普通だ。

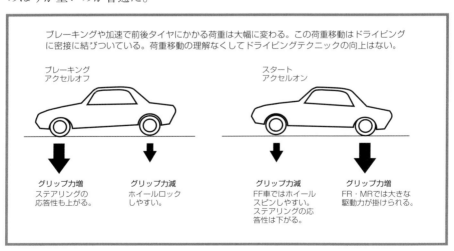

第3章 走りについての基礎知識

　前後の重量配分というのはあくまでも静止時の重量配分である。だが、実際にクルマが走っているときには、この重量配分に大きな変化が起こる。たとえば、ブレーキを掛ければ荷重は前に移り、フロントタイヤが受け持つ荷重が大きくなる。逆にリヤタイヤが受け持つ荷重は小さくなる。加速した場合は荷重は後ろに移動する。フロントタイヤの受け持つ荷重は減り、リヤタイヤが受け持つ荷重は大きくなる。

　左右も同様である。ステアリングを切る、すなわちコーナリングに入ると左右方向に荷重は移動する。左に回るときには左から右へ、右に曲がるときにはその逆、いずれにしろイン側からアウト側に荷重は移動するわけだ。コーナリング中の内側タイヤが完全に浮き上がるシーンもたびたび見られるが、浮き上がるということは支える荷重がゼロということだから、いかに大きな荷重が移動するかがお分かりだろう。

　ところで、タイヤのグリップ力は荷重が増せば、それだけグリップ力も大きくなると述べた。したがって、荷重移動が前後左右のタイヤのグリップ力を大きく変化させる。そして、それはステア特性を大きく変化させ、クルマをコントロールする上での大きな要素になる。つまり、限界域でのクルマの運転はこの荷重移動を積極的に利用して、クルマの姿勢をコントロールすることであるといってよい。速度を落とす意味でなく、クルマの姿勢をつくるために軽くブレーキングし

FF車ではコーナーでしばしば内側の後輪が完全に浮き上がった状態になる。浮いた1輪は全く荷重を受け持っておらず、3輪で荷重を支えていることになる。この状態では右前輪に最も荷重が掛かっているが、荷重0の左後輪のとの差は大きい。

73

たり、アクセルをオフにしたりすることもあるのだ。

ライン取りの力学的考察

　サーキットを走るとき、どのようなラインを走ったらよいのかが、問題になる。小さなサーキットでは、アウトインアウトの原則から、ある程度走行ラインは必然的に決まってしまうが、大きなサーキットでは、最初はどこを走るのが有効か全然つかめなかったりする。

　ここでは、まず走行ラインについて基本的な考え方から入っていこう。

◆小回りと大回りの限界速度

　まず実際のサーキットのライン取りにはいる前に、下図のようなラインを想定して、どちらが速いかを見てみよう。Aラインは半径20m、Bラインは2倍の半径40mとする。この二つのラインをクルマのコーナリング限界で走ったとき、どちら

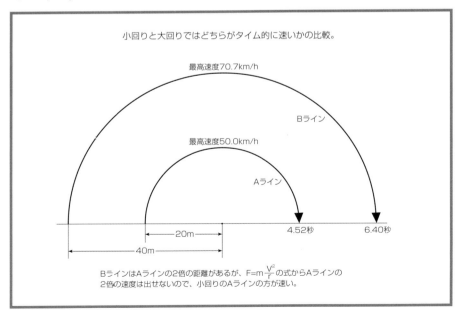

小回りと大回りではどちらがタイム的に速いかの比較。

BラインはAラインの2倍の距離があるが、$F=m\frac{V^2}{r}$ の式からAラインの2倍の速度は出せないので、小回りのAラインの方が速い。

が速いかを考えてみる。

　Bラインの半径が2倍ということは、円周の距離も2倍である。したがって、Aラインと同じ時間で走り抜けるには、Bラインでは2倍の速度を出さなくてはならないことになる。しかし、実際には2倍の速さでは走れない。タイヤの能力の限界から、それだけの向心力を発生させられないからだ。言い方を替えると、2倍の速さで走ろうとすると遠心力が大きくなりすぎて限界を超えてしまうからだ。
ここで、遠心力Fの大きさは

　　$F = mV^2/r$（F:向心力〔遠心力〕　m:車重　V:速度　r:回転半径）

で表わされる。

　この式から分かるように遠心力は速度の自乗に比例しているので、速度を2倍にすると遠心力は4倍になり、半径を2倍にして遠心力を減らしても、差し引きで大きな遠心力になって、タイヤの限界を超えてしまう。では、どれだけスピードを出すことが可能かというと

　　$V_b = \sqrt{2V_a^2} = \sqrt{2} \times V_a$

すなわち$\sqrt{2}$、およそ1.414倍の速さが限界である。たとえば、Aラインで時速50km/h（秒速13.89m/s）がコーナリングの限界だとすると、Bラインでは70.71km/h（秒速

2台がコーナーを併走すると、内側のほうが小回りになるので早く抜けられる。この理論からも「追い抜きはインから」が原則。

19.64m/s）で限界に達する。2倍の距離を走るのに2倍の速さが出せないのだから、当然Bラインの方が遅いことになる。

タイム差としては

$t_a = \pi r_a/V_a = 3.14 \times 20/13.89 = 4.52$

$t_b = \pi r_b/V_b = 3.14 \times 40/19.64 = 6.40$

このようにその差は1.88秒になる。

◆区間タイムの比較

上の結論からすると、小さく回ったほうが速い。ただし、実際のサーキットのライン取りの場合はBラインのようなアウト・アウト・アウトのラインは取らない。そこで、もう少し実際に近い下図のようなアウト・イン・アウトのラインで考えよう。もちろん、これも単純化したラインで、実際にはブレーキングを残してコーナリングに入ったり、コーナリングしながら加速を開始するのが普通であ

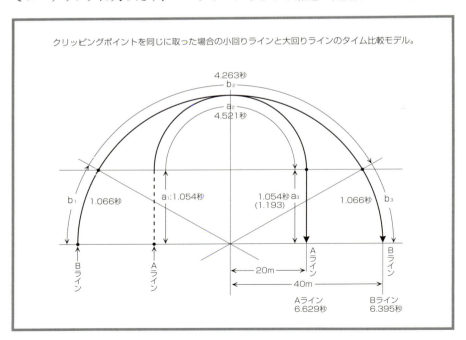

クリッピングポイントを同じに取った場合の小回りラインと大回りラインのタイム比較モデル。

る。ここでは、基本を知るために簡略化したモデルを示す。

考えやすくするために区間を3つに分けて検討してみよう。

★コーナー進入区間の比較

まず進入のa_1区間とb_1区間を見てみよう。この区間の距離の差はごくわずかである。a_1の距離は20mであるのに対し、b_1は円周長の1/12だから$2\pi r/12$で、約20.93mで、5%弱長いことになる。

この区間はAラインとBラインで「走り方」に違いがある。a_1区間は基本的にブレーキングによる減速区間であるのに対し、b_1区間はコーナリング区間になっている。

まず先に区間b_1の通過タイムを求める。先ほどと同様、時間は距離を速度で割った値であるから、

$$t_{b1} = b_1/V_b = 20.93/19.64 = 1.066（秒）$$

通過タイムは1.066秒となる。なお、ここでV_bの19.64は時速70.7km/hの秒速換算(m/sec)である。

一方、区間a_1のタイムはどう考えられるだろうか。a_1はブレーキングの区間であ

実際の走行ではブレーキングを残してコーナリングに入るのが普通だが、基本的な考え方を見るために前頁図のようなモデルで考える。

る。当然タイヤの能力の限界を使ったフルブレーキングを行なうはずだから、その限界はb_1区間での向心加速度と同じ加速度が加わると考えればよい。向心力(あるいはその反力としての遠心力)は、この向心加速度と車両重量を掛けたものである。要するに、コーナリングはこの向心力を進行方向と直角の横から加えるのに対し、ブレーキングは進行方向と同じ縦だが方向が逆向きに力を加えることになる。向きが違うだけで現象としては同様で、その最大値はタイヤの能力によって決まってくる。

このクルマの向心加速度 α は、半径20mのコーナーを速度50km/hで走るのが限界とした時点で以下のように定まった。なお、13.89(m/s)は50km/hの秒速換算である。

$$\alpha = V^2/r = 13.89^2/20 = 9.65\,(m/s^2)$$

この向心加速度と同じ加速度をクルマを減速させる方向に加えると、限界のブレーキングで減速をしたことになる。

a_1区間の終わりの速度はa_2の初めの速度、50km/hになっていなければならないから、

$$V_1 = 13.89\,(m/s)$$

この速度V_1と加速度 α を使ってa_1区間の最初の速度を求めると

$$2\alpha x = V_0^2 - V_1^2$$

の公式から

コーナー進入時、仮に100%横グリップを使っているとしたら、フルブレーキングで縦方向に100%のグリップ力を使っているのと同等の物理的な力が働いていると考えてよい。

第3章　走りについての基礎知識

$$V_0^2 = 2\alpha x + V_1^2 = 2 \times 9.65 \times 20 + 13.89^2 = 579.01$$
$$V_0 = \sqrt{579.1} = 24.06 (m/s)$$

秒速24.06から13.89に減速するのに掛かる時間t_{a1}は

$$t_{a1} = (V_0 - V_1)/\alpha = (24.06 - 13.9)/9.65 = 1.054(秒)$$

b_1区間が1.066秒であったから、a_1区間の方が0.012秒速いことになる。

★コーナー中間区間

　次に真ん中のa_2区間とb_2区間を比較する。ここはどちらもコーナリングの区間である。a_2区間の距離は円周の1/2であるのに対し、b_2区間の距離は円周の1/3である。したがって

$$a_2 = 2\pi r \div 2 = 2 \times 3.14 \times 20 \div 2 = 62.80 (m)$$
$$b_2 = 2\pi r \div 3 = 2 \times 3.14 \times 40 \div 3 = 83.73 (m)$$

このように、区間b_2はa_2の約133％になり、74頁の図の200％よりこの部分の距離の差は大幅に縮まっている。

　次にそれぞれの通過タイムを見てみる。時間は距離を速度で割った値であるから、次のようになる。

$$t_{a2} = 距離a_2/速度V_a = 62.80/13.89 = 4.521(秒)$$

コーナー中間区間は走行距離の違いと旋回半径の違いがタイムにどのように現われるかの比較になる。

tb2＝距離b2/速度Vb＝83.73/19.64＝4.263（秒）

　コーナリング区間ではBラインのほうが0.258秒速いことになる。b2区間は距離がa2区間の133％増しであるのに対し、速度は141.4％増しで走れるわけだからb2区間の方が速いのは当然である。

★コーナー出口区間

　コーナー出口区間は入り口区間と似ている。まずa3区間はa1区間の逆で、秒速13.89（m/s）から24.06（m/s）へ加速する時間はa1区間の減速する時間と変わらない。b3区間も一定速のコーナリングであるからb1区間と同じである。したがって

　　ta3＝1.054

　　tb3＝1.066

と入り口と全く同じになる。3区間のトータルとしては以下のようになる。

　　ta＝1.054＋4.521＋1.054＝6.629

　　tb＝1.066＋4.263＋1.066＝6.395

その差は0.234秒でBラインの方が速く、先の例とは逆の結果になった。

コーナー出口区間は進入時と同様にタイヤの縦方向に働く力と横方向に働く力が同等と考えて比較する。

第3章 走りについての基礎知識

◆立ち上がり区間の考察

　先の例では立ち上がり区間のタイムを進入の減速区間と同じとしたが、それは最高値（最短時間）であり、実際にはここの区間タイムはクルマの加速力すなわち動力性能に依存する。つまり、ハイパワーのエンジンを持ったクルマか、非力なクルマかでこの立ち上がり加速は変わってくる。半径20mすなわち20Rのコーナーというと大きなサーキットのヘアピンと同じくらいのきついコーナーの感じだが、たとえば、2速ギヤで立ち上がるとしてホイールスピンを起こすほどの駆動力があるか、その強い駆動力を20mにわたり出し続けられるかに掛かってくる。もし非力な動力性能でタイヤのグリップ能力に余裕を持った加速しかできなければ、当然タイムは試算の値より遅くなる。このコーナーの例では、よほどのハイパワー車でないと無理であろう。

　そこで、ここの加速度 α を約半分の4.82にして計算した例を示しておこう。

$$2\alpha x = V^2 - V_0^2$$

の式から

$$V = \sqrt{2\alpha x + V_0^2} = 192.8 + 13.9^2 = 386.01 = 19.65 \, (m/s)$$

立ち上がり区間の20mで秒速13.9mから19.65まで速度を上げたことになる。タイムは

立ち上がり区間は進入のブレーキングと違い、必ずしもタイヤの能力を100％引き出せるとは限らない。パワーウェイトレシオの大小でそのコーナーに対してタイムに大きな差ができる可能性がある。

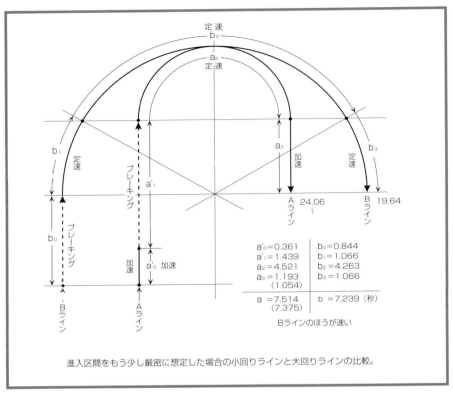

進入区間をもう少し厳密に想定した場合の小回りラインと大回りラインの比較。

　　$t_a = V - V_0/\alpha = 19.65 - 13.9/4.82 = 1.193 (s)$

あらためてAラインのタイム合計を見ると

$t_a = 1.054 + 4.521 + 1.193 = 6.768$

となり、Bラインのタイム6.395(s)とはさらに差が大きくなる。

◆進入部分をさらに考える

　進入区間をa_1とb_1で検討したが、実はこの進入開始の速度はAラインとBラインですでに違っている。Aラインでは初速が24.06m(秒速)であるのに対し、Bラインでは19.64mである。ということは、ここに至るまでにすでに差が生じているはずである。当然速度の高いAラインのほうが速いはずだ。そこで、ブレーキングを開

始するまでは両ラインとも同じはずだから、そこからのタイムを計算してみる。

　Bラインにおいて、仮に20m手前からフルブレーキングを開始したとする。その
ブレーキング開始時の速度は、加速度と距離から次のようになる。

$$V_0=\sqrt{2\alpha s}+V_1{}^2=\sqrt{2\times9.645\times20+19.64^2}=\sqrt{385.80+385.73}=27.78\,(\text{m/s})$$

b_0の区間タイムは

$$t=V_0-V_1/\alpha=27.78-19.64/9.645=0.844\,(\text{s})$$

これにb_1区間のタイムを足すと、

$$t_1+t_2=0.844+1.066=1.911\,(\text{s})$$

　次にAラインを考えよう。AラインのほうはBラインと同列の位置からブレーキ
ングしたのではブレーキが余ってしまう。ブレーキング開始を遅らせることがで
きる。ブレーキング開始までは実際には加速しているわけだが、秒速27.77は時速
約100km/hであり、速度の上昇はそれほど大きくないとして、ここではとりあえず
無視する。したがって27.77m/sの秒速で進み、ある時点でフルブレーキングして
13.89m/sまでスピードを落とし、そこから旋回に入る。a_1区間の計算はいったんご
破算にして考える。

　27.77から13.89まで速度を落とすのに、どれだけの距離を要するかを計算する。

$$2\alpha s=V_0{}^2-V_1{}^2$$

の式から、

$$s=V_0{}^2-V_1{}^2/2\alpha=27.77^2-13.89^2/2\times9.645=29.98\,(\text{m})$$

ブレーキを掛ける前に進む距離は40－29.98＝10.02(m)となる。すなわち、約10m
はBラインより突っ込めることを示している。

　この10.02mの所要タイムは

$$t_1=s/V_0=10.02/27.77=0.361\,(\text{s})$$

ブレーキング区間のタイムは

$$t_2=V_0-V_1/\alpha=27.77-13.89/9.645=1.439\,(\text{s})$$

となる。トータルのタイムt_1+t_2は

$$t_1+t_2=1.80\,(\text{s})$$

　結局、AラインとBラインの進入区間のトータルを比べると0.275〜0.136秒ほど

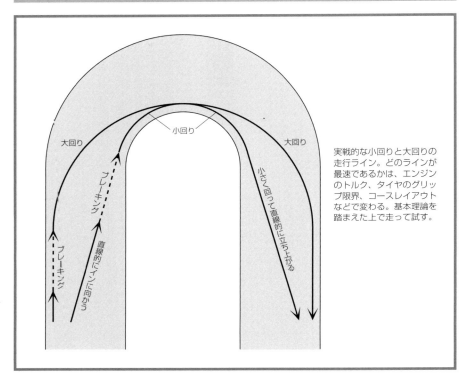

実戦的な小回りと大回りの走行ライン。どのラインが最速であるかは、エンジンのトルク、タイヤのグリップ限界、コースレイアウトなどで変わる。基本理論を踏まえた上で走って試す。

Bラインのほうが速いことになる。

　ただし、脱出速度はAラインが秒速24.06mで、Bラインは秒速19.64だからAラインのほうが速い。後で述べるように、この後に長い加速区間があるとAラインを走ったクルマのほうが、速度の伸びてBライン車を追い抜く可能性もある。それは加速区間の長さや、加速力の強さで決まってくる。

　また、実際の走行ラインは小回りといっても上図のようなラインが普通であろう。どのラインが最速ラインかは、クルマのトルク、タイヤのグリップ、コースレイアウトなどで変わるので、基本理論を踏まえた上で走って決めることになる。そのためにも、走り方と自分のタイムの記録は大切である。

第4章　ドライビングテクニックの基本

ドライビングポジション

　ドライビングポジションはサーキット走行だけの問題ではなく、普段でも大切だ。ただ、サーキット走行ではよりドライビングポジションが重要になる。なぜなら、普段の運転では、止まるも曲がるも余裕を持って動作するもので、急な動作というのは突発的な出来事が起きた場合だけだ。逆に、公道では急な動作が必要な運転はしてはいけないと言える。しかし、サーキットでのレーシング走行ではブレーキもアクセルもステアリングも常に急な動作が必要である。

　ステアリングでいえば、適切なタイミングで適切な量のステア操作を素早く行なうことが必要だ。ブレーキングも、適切なタイミングで適切な力で素早く踏み込む必要がある。アクセルはこの二つに比べると重要度は下がるが、普段の運転と違い、一気に踏み込んだり一気に離したり、ハーフ状態で踏むことはコーナリング中など一部だけである。これらの操作が適切にできないとスピンしたりコースアウトしたり、その結果クラッシュということになりかねない。

ドライビングポジションはステアリングホイールとの距離が特に大切。シートから肩が浮かずに2時の位置を握れるかをチェックする。

　ドライビングポジションの合わせ方はまず足から決めるやり方と、手から決めるやり方がある。どちらも普通のツーリングカー(乗用車)であれば結果は同じになるはずであるが、ここでは手から決める方法を説明する。
　まず、シートバックを自分の好みの角度に決める。高速道路をロングドライブするのとは違うので、あまり後ろに倒した姿勢でない方がよい。むしろ普段と同じか立ち気味に考えた方がよい。ステアリングにチルト機構がある場合は、あとで微調整はするとしてもある程度決める。
　次にシートスライドを前後させてシートの位置を決める。目安はステアリングホイールの10分のあたりを左手でしっかり握れる位置にする。このときに肩がシートバックから浮かないことを確認する。
　最適な位置の見つけ方として、指を上にしてたなごころ(掌＝手のひら)の下部をステアリングの最上部に押し当てる。肩がシートバックから浮かずに伸ばした腕でステアリングを楽に押せる状態であればシート位置は適切だ。その状態ならステアリングをしっかり握れる位置になっている。
　シート位置が決まったら、足の状態を確認する。まずブレーキペダルを踏んだ足に余裕があるか。フルに踏み込んでも膝に曲がりがあることが大切で、伸び切

第４章　ドライビングテクニックの基本

るようではペダルとの距離が遠すぎることになる。これでは充分にペダルが踏み込めない可能性がある上に、クラッシュ時に骨折を誘発することにもなりかねない。正面からぶつかるときはたいていフルにブレーキペダルを踏んでいるもので、足が伸びきっているとクラッシュのショックがそのまま足の骨に加わり骨折するのだ。

　普通は手を最適な位置に決めれば足が伸びきることはまずないが、身長や車両によりペダルを踏んだ足が伸びきる場合は、シート位置を前にずらし、その代わりシートバックを寝かせることで手の位置を合わせる。

　チルト機構のあるクルマでは、ステアリングホイールを極端に下げるのを好む人もいるが、下げすぎるとペダルを踏むときに脚がステアリングホイールに当たってしまう。あるいは、握り手が下に来たときに脚に当たってしまう。ここまで下げるのは下げ過ぎで、的確なステア操作ができなくなる。

　パイロンジムカーナ走行と違い、小さいサーキットでもコーナリング時のステア量はそう多くない。しかし、ドライビングポジションやステアリングホイールの位置を決める場合は、フルステアを想定して決めなければならない。なぜなら、通常は少ないステア量で曲がれても、もしスピンしそうになったら一気にフルカウンターを当てなければならないし、スピンせずに踏みとどまったら、今度は素早くステアを戻さなくてはならないからだ。レーシング走行では、いつフル

通常の町中運転のポジションよりかなり前になるかもしれないが、それでよい。足はブレーキペダルを踏んだときに伸びきらないことを確認する。

ステアが必要になるか分からない。

ところで、出来上がったドライビングポジションはどうだろうか。普段よりも体が前寄りと感じるかもしれないが、レーシング走行ではそれが正しい。レーシング走行のドライビングポジションは歴史的に変化してきており、大昔はストレートアームが良いとされていた時代もあったが、タイヤの幅や性能が上がるにつれ、より力の入れやすい前寄りのポジションになってきた。現在の生産車ではパワーステアリングが当たり前なので、大きな力はあまり必要ないが、素早く的確な量をステアするには力を入れやすい方が良いとして、前寄りになっている。

ステアリングワーク

ステアリングホイールの回し方に入る前に、まず手の位置と握り方がある。手の位置は9時15分または10時10分が基本になるが、高速サーキットでは8時20分という考え方もある。なぜ、8時20分かというと、人間工学的にいって最も力を入れやすいのは、右手の20〜25分の間、左手で40〜35分の間でステアリングを引いて回す動作であるからだ。これはステアリングの真上、0分のあたりを握って回すことを考えたら、その違いはよく分かるはずだ。

最も力を入れやすいということは、「適切なタイミングで適切な量のステア操作を素早く」行なえることにつながる。コーナリングしながらシフト操作が必要な場合でも、片手で適切なステア操作を素早く行なうことができる。しかし、ステア量が多くなると、最もおいしい20〜25分をすぐに超えてしまう面もある。したがって、8時20分型はステア量の少ない高速コース向きの握り方である。

大きなサーキットでは、通常の走行ではステアリングホイールを持ち替えることなく走行できる。筑波サーキットのコース2000あたりでも、基本ラインをなめらかに走るのには持ち替えは必要ない。とはいえ、サーキット走行ではどのような状況に陥るか分からない。ドライビングポジションの項で述べたとおり、スピンしかかったら大きく修正舵を当てなければならないし、タイヤがグリップを回復するときには素早い戻しのステアが必要になる。ましてやミニサーキットなど

第4章　ドライビングテクニックの基本

ステアリングホイールは10時10分が基本だがそこから8時20分までなら好みの位置でよい。親指は握りに回し込まず抑えるように添える。それほど大きく回す必要がないゆるいコーナーでは、この位置から引き手を主体として回し始めればよい。

小さなコーナーが連続するようなコースで、クルマを振り回すような走りを身に付けるとなると、ステアワークは大きな意味を持ってくる。

★持ち替えが必要な小さなコーナーへの進入

　切り足しが必要なことが最初から分かっている小さなコーナーへの進入では、通常の手の位置から切り始めるのではなく、コーナー側の手の移動から始める。たとえば右の小さなコーナーへの進入の場合、まず10分あたりを握っていた右手を離し、55分あたりに握り替える。切り込むタイミングが来たら、その右手でステアリングホイールを引いて回す。このとき左手は滑らせて手の位置は変えな

89

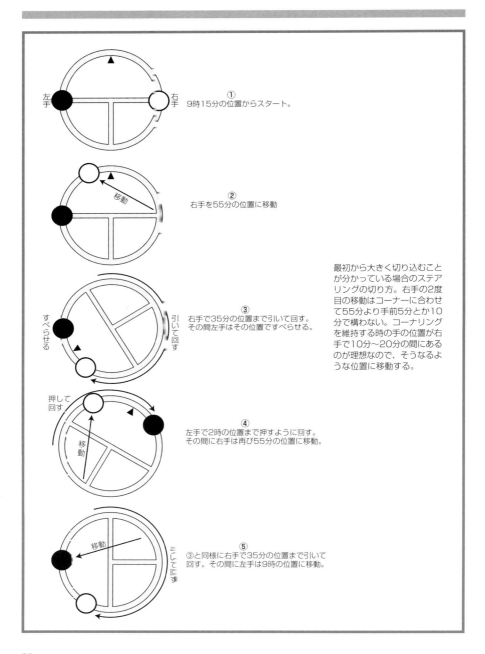

第4章　ドライビングテクニックの基本

い。右手で回せるのは35分あたりまでになるから、その後は左手に引き継ぐ。10時の位置で滑らせていた左手は、その場でステアリングホイールを握り直し、押すようにして2時くらいまで回す。右手はその間に再び55分の位置に移動させて、左手の動作を引き継いで最初と同様に引いて回す。左手は再び10時の位置に戻すが、さらに連続してステアする場合は8時の位置に戻してもよい。この繰り返しで、ステアリングホイールを大きく連続して回す。

シフトワーク

　シフト操作は特別難しいことではない、はずだ。しかし、現実的にはしばしばシフトミスが見られる。これはタイムロスだけでなく、トランスミッションにダメージを与えることになる。なぜシフトミスをするかというと、サーキット走行では素早い操作が求められること、さらに横Gが体に掛かっている中での操作ということで、正確な操作が損なわれるからだ。

　できるだけシフトミスしないための方策として、シフトレバーの握り方がある。

シフトミスするのはつい力が入りすぎるからだ。これは横Gが掛かった状態で素早く行なおうとするため起こりやすい。まずは腰でしっかり上体を支えることにより、強いGが掛かった状態でも腕はフリーに軽く動かせる体勢を作る。

現在のスポーツ車は5速ないし6速ミッションであり、Hパターンというより王の字を横にしたような形になる。ニュートラルの状態ではレバーは真中の列にあり、左の列にいくにはスプリングの力に抗して動かす。右の列にいくのも同様だ。

　まず1速に入れるには、腕をひねって左手のたなごころを外に向けてシフトノブを軽くつかみ、左にきっちり押し付けながら前に押し込んで入れる。1速から2速

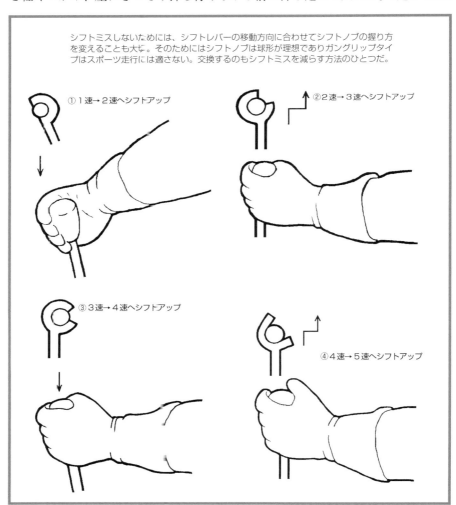

第4章　ドライビングテクニックの基本

へは、そのままの形で左に押し付けながら引き下げて入れる。

2速から3速へシフトアップする場合は、シフトノブのつかみ方が変わる。たなごころを内側に向けて軽くにぎり、シフトレバーを右に軽く押し付けながら前に押して2速を抜く。シフトレバーがニュートラルの位置に来ると、右に押し付けていた力とスプリングの力により中央の列にシフトレバーが移る。そして横向きの力は抜いて、シフトレバーを押し込んで3速に入れる。3速から4速へは、そのままの手の形でシフトレバーを引き込み4速へ入れる。

4速から5速へのシフトは、2速から3速へのシフトとシフトノブの握り方は同様で、ただ、ニュートラル位置で積極的に右に力を入れて3列目にレバーを入れてから前に押し込む。5速から4速へのシフトダウンはノブの握り方が変わり、1速や2速に入れるときと同様の握り方になる。そして、軽く左に押しながら5速を抜くと、スプリングも働いてニュートラル位置で中央の列にシフトレバーが戻るので、そのまま手前に引いて4速に入れる。

4速→3速のダウンは、たなごころを普通どおり内側に向けて直線的に押せばよい。問題は3速→2速のダウンだ。この場合は再びシフトノブの持ち方が変わる。5速→4速のダウン時と同様に、たなごころを外に向けてシフトノブをつかみ、左に押し付けながら引き下げる。シフトレバーがニュートラル位置に来ると押し付けている力がスプリングの力に打ち勝って左の列に移るので、そのまま引き下げて2速に入れる。

シフトミスしやすいのは2速・3速間、4速・5速間のクランク形の動きをするシフト操作だ。素早く行なおうとして力の掛け方を誤るのだ。2速から3速に入れるとき、右に押し付ける力を入れすぎて5速に入れやすい。横Gが掛かりながらのシフト操作というのも、的確な操作を妨げる要因のひとつではあるが、普段から2速・3速のシフトアップ、シフトダウンの素早い操作を練習することは有効である。

シフトノブのつかみ方は、レバーへ適切な力を与える要素として大切である。その意味からして、シフトノブの形状は持ち替えても違和感のない純粋な球形が理想的だ。ガングリップタイプは純スポーツ走行には適さない。

93

ヒールアンドトー

ヒールアンドトーこそスポーツドライビングの基本であり、醍醐味である。マニュアルミッション車を操るのにこのテクニックが使えなかったら、タイムアップはおろか、楽しさも半減する。ヒールアンドトーを駆使したドライビングがしたいがためにマニュアルミッション車を選ぶ人も多いはずだ。オートマチックミッションでもモータースポーツは楽しめるが、ヒールアンドトーの醍醐味を味わうことができないことが一番の難点とも言える。

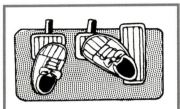

マニュアルミッション車を運転するならヒールアンドトーは必ず身に付けるべきテクニックだ。

このヒールアンドトーがなぜ必要か、についてはすでにいろいろな書で説明されているが、必ずしも正しくないものも見受けられるので、改めて説明しておこう。

ヒールアンドトーとは、コーナー手前などでブレーキングしながらシフトダウンするが、このときクラッチをつなぐ前にエンジンを空吹かしして回転を上げてからつなぐ方法である。「ブレーキングしながら」だから右足は当然ブレーキペダルに使っている。そこで、右足のつま先でブレーキペダルを踏みながら、かかとで一瞬アクセルペダルを踏んで回転を上げる。つまり、かかと「ヒール」とつま先

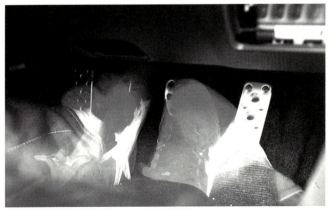

右足のつま先でブレーキペダルを踏みながら、クラッチを切っている間にかかとでアクセルを踏んでエンジン回転を上げてやるのがヒールアンドトー。

94

第4章　ドライビングテクニックの基本

「トー」を使うのでヒールアンドトーと呼ばれるわけだ。

　MT車による公道運転で曲がり角を曲がるとき、普通の人はどのようにしているかといえば、ブレーキングで車速を落とし、そのまま曲がって加速に移るときにギヤを下げる。あるいは曲がりながらギヤを下げるのが普通だ。しかし、速さを求めるスポーツドライビングでは、こんな走りでは通用しない。次の加速に移るときの最適なギヤへのシフトダウンは、ブレーキング終了までに終わらせておかねばならない。

　なぜなら、コーナリングから素早い立ち上がりをするためには、すでに最適の低いギヤが選ばれている必要があるからだ。低いギヤで充分なトルクがあれば、早い時期からタイヤの能力を目一杯使った加速が可能になる。また、スポーツドライビングではコーナリング中にもクルマの姿勢コントロールに駆動力が必要であり、高いギヤのままでは充分なトルクが得られない。低いギヤであればコーナリング中のアクセルのオン・オフにより荷重移動も大きく、姿勢のコントロールもしやすくなる。

　では、ヒールアンドトー操作をせずにブレーキング後にシフトダウンをしたらどうなるか。たとえば3速ギヤ80km/hで走ってきて、ブレーキングにより40km/hに落とした場合、エンジン回転も半分、たとえば6000rpmが3000rpmになる。しかし、ここでギヤダウンするとエンジン回転はギヤ比の分だけ余計に回らなくては

ブレーキングしたとき、速度に応じた最適なギヤは減速区間中に選んでおかなければ、直ちに加速に移れない。ヒールアンドトーはブレーキングしながら駆動系に衝撃を与えず最適なギヤを選ぶためのテクニック。

95

ならない。たとえば仮に3速と2速のギヤ比が1.6と2.4であったとすると、2.4/1.6＝1.5倍の回転数、すなわち4500rpmにエンジン回転は上がらなくてはならない。

　そのため、クラッチをつないだ瞬間に、一気にエンジンブレーキが掛かり、タイヤは一瞬ロック状態になって路面上を滑るような状態になってしまう。これはタイヤのグリップが失われることを意味するから、ドライビング上不安定でコントロールを失いスピンの原因にもなる。

　同時に、回転差が大きいままクラッチを一瞬のうちにつなぐということは、駆動系に大きな衝撃力が加わることである。これはクラッチ、ミッション、タイヤ等に大きな負担を強いることで、摩耗を早めるだけでなくトラブルの原因になる。こうしたことから、ヒールアンドトーはスポーツドライビングでは必須のテクニックなのである。

　ヒールアンドトーの実際のやり方を説明しておこう。
①右足でブレーキペダルを踏み速度を落とし続ける。
②左足でクラッチを切り、ギヤを3速から2速へシフトする。
③右足でブレーキを踏んだまま、かかと部分をアクセルペダルへずらし、一瞬アクセルをあおりエンジンの回転を上げる。
④クラッチをつなぐとともにブレーキングを終え右足をアクセルに移す。

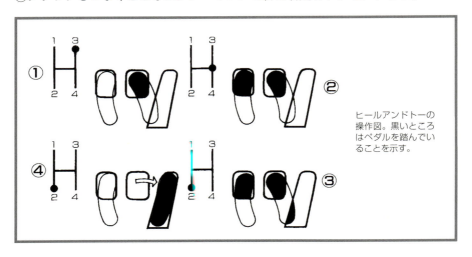

ヒールアンドトーの操作図。黒いところはペダルを踏んでいることを示す。

第4章　ドライビングテクニックの基本

ヒールアンドトー操作で気を付けることは、かかとでアクセルをあおるときブレーキ踏力が変わらないこと。またクラッチをつないだときにスムーズにエンジンブレーキが掛かるような適切なエンジン回転の上げ方をすることである。

　ところで、ヒールアンドトーといっても、実際はかかとというよりも足の右脇部分くらいのところで踏んでいるのが普通だ。ブレーキと違ってアクセルは踏力をあまり必要としないので、それでも充分役割を果たせるからだ。したがって、文字通りの「ヒール」にはこだわらなくてよい。

　ヒールアンドトーで大切なのは、必要な回転数にできるだけ正確に上げることだ。回転の上げ方が不十分だとタイヤがロックしがちになり、駆動系に負担を与えトラブルの原因になる。逆に回転を上げすぎると、クラッチをつないだ瞬間にむしろ加速するように力が働き、ブレーキングを弱める結果になる。回転数が適切であれば、クラッチペダルをポンと戻しても、車両はスムーズな動きをしているはずだ。

　もう一つは、ヒールアンドトーの操作中のブレーキ力が変わらないこと。慣れないとアクセル操作のときに、その動作につられてブレーキ踏力が強くなったり弱くなったりしやすい。あくまでもブレーキ力に変化を来たさないでアクセル操作ができるようになることだ。

　かつては、ブレーキペダルに対してアクセルペダルが極端に低くてヒールアンドトーを行なうのが困難なクルマもあったが、現在ではそのようなマニュアルミッション車は見あたらない。しかし、よりヒールアンドトーをやりやすくペダ

97

ルを交換・加工するのも方法だ。

　ミニサーキットでは5速以上に入ることはほとんどないが、ストレートの長いサーキットでは当然5速以上にも入りうる。たとえば5速から2速へシフトダウンするようなとき、中間のギヤを省いてよいかどうかの問題がある。これは、原則的にはヒールアンドトーは5速→4速→3速→2速と1段ずつ行なうが、余裕がなければ4速、3速のどちらかひとつを飛ばして5速→3速→2速でも構わないし、両方飛ばして5速→2速でもよい。

　ひとつずつギヤダウンするのはエンジンブレーキを重視する考え方だが、最近はブレーキがよくなっており、エンジンブレーキに大きくは頼らない考え方もある。しかし、このように中間のギヤを省いたときに犯しやすいのは、早めにギヤダウンしてクラッチをつないでしまうこと。これはエンジンをオーバーレブ（過回転）させるし、クルマの姿勢を乱すことにもなる。2速に入れるときにはスピードが2速に適した領域まで下がってからギヤを入れなくてはならない。早めに低いギヤに入れてもクラッチをつながなければエンジンがオーバーレブすることにはならないが、それでは駆動系が断ち切れているため姿勢が不安定になる。

　レースでは5速から2速まで落とすことなどよくあるが、ドライバーにより中間のひとつを、あるいは2つとも抜く場合もある。特に初心者では、自分に合ったや

ギヤを一気に何段も落とす場合、基本的には一段ずつ落とすが中間を飛ばしても構わない。ただし、クラッチをつなぐときにはそのギヤの適切な速度まで落ちていること。

第4章　ドライビングテクニックの基本

り方を選べばよい。大切なのはクラッチをつないだときに、エンジンブレーキがフットブレーキにスムーズに加わるような感じになることだ。

ブレーキング

　ブレーキングはドライビングテクニックのなかで最も難しく、奥が深い。その良し悪しはラップタイムにも大きく影響するし、実際のレースでは追い抜きの重要なポイントになる。

　ブレーキを踏み始める地点をブレーキングポイントというが、初めてのサーキットでコーナーを攻める場合、まずはブレーキングポイントを早めに取って、余裕をもってブレーキングをし、次第にブレーキを遅らせていくのが常道だ。やがて、自分にとっての限界が見えてくるはずだ。

　まず、ブレーキングポイントは何らかの目標物を決めて、それを目標にすべきかどうかという問題がある。たとえば看板とか路面の補修後のシミなどだ。実はベテランドライバーは決してそのような目標物を頼りにブレーキングはしていない。なぜなら、ブレーキの状態、タイヤの状態、路面の状態等、条件によりブレーキ能力は一定ではないからだ。競り合ってコーナーに進入するときなど、目

ブレーキングポイントとしてコース脇の看板や路面のシミなどを目標にすることは、初心者の場合は有効だ。ただし最終的にはそのような目標物に頼らず感覚で最適なブレーキングができるようになること。

99

標物を基準になどしていられない。どこがブレーキングポイントかは迫り来るコーナーを感じながら感覚で決めるものだ。

しかし、初心者がタイムを詰めていくのに、何か目標物を見つけて、それを目安にブレーキングポイントを決めるのは有効な方法である。そうした方法で練習を積み重ねていくと、やがてどのようなコーナーでも体でブレーキングポイントを決められるようになってくるはずである。

ブレーキングポイントをドンドン詰めていくと、ブレーキをガツンと踏みがちになる。しかし、これは必ずしも良くはない。急にガツンと踏んだ場合、前輪がロックしやすい。それは荷重が前に移る前に過大なブレーキ力が前輪に働くからだ。ロックするとかえって制動距離が伸びるし、不安定になって場合によってはスピンに陥ることもある。一度ロックすると、ブレーキを緩めても回復に時間が掛かってしまう。したがって、素早くアクセルペダルからブレーキペダルに踏み替えるが、あまり「ガツン」でなく「ギュ」といった感じで、一瞬ながら弱めの踏力から強めの踏力に変化させるように踏み込む。

とくに、サスペンションが柔らかいクルマほど徐々に踏力を強めるようにする。なぜなら、柔らかいほど荷重移動に遅れが生じるからだ。ABSが付いていればガツンと踏んでもロックすることはないが、荷重移動を体で感じられるようにするためにも、ガツンブレーキは避けた方がよい。

ブレーキングを詰めていくと急激な踏み込みのブレーキングになってくる。しかし、あまりガツンとしたブレーキングは荷重移動がなされる前に大きな制動力が掛かってブレーキロックしやすい。高速からのブレーキングでは要注意だ。

第4章　ドライビングテクニックの基本

　タイヤの摩擦円の概念からも、減速のためのブレーキングは直線的に行なうことだ。そして、ブレーキングの最終段階ではコーナリングにつなげる。ここでは、ブレーキングは緩めるものの完全に抜かずに少し残したままステアリングを切り込む。これは荷重を前に移動した状態を保ったままなので、アンダーステアを消して曲がりやすくなるからだ。ブレーキングを完全に終えてからでは荷重も元に戻ってしまい、ステアリングを切ってもアンダーステアが出て曲がりにくくなってしまう。

ライン取りの基本

　公道を走るときは、道幅が広くても車線が引かれていてどこを走ればよいかだいたい分かる。時に車線変更したとしても、どういうラインを走るべきかはあまり問題にならない。しかし、サーキット走行では幅広いコースのどこを走るかは、ラップタイムに大きく影響する重要な問題である。それでも小さなコーナーではまだ分かりやすいが、大きな複合コーナーなどでは本当にどこを走ったらよ

サーキット走行ではライン取りが大切だ。ラインの取り方でタイムに違いも出てくる。このライン取りには基本というものがあるので、まずはそれを意識して走り込む。

いか、最初はなかなか分からないことも多い。

しかし、このライン取りには基本というものがあり、その基本に当てはめて走り込めば、やがて適切なラインが見えてくる。ここではまずライン取りの基本を考えてみよう。

◆アウトインアウト

ライン取りの基本は、アウトインアウトである。すなわち、アウトから入ってインに付けアウトに抜けていくラインである。このアウトインアウトの意味するところは、回転半径を大きくすることにある。回転半径を大きくすれば遠心力が小さい分スピードをあまり落とさずに走れる。しかし、走る距離は長くなる。小さく回れば遠心力が大きくなるので速度は落とさなければならないが、走る距離は短くてすむ。この比較の問題になる。

これについては別項で詳しく述べているが、遠心力は速度の自乗に比例して大きくなるので、遠心力が大きくならないように、スピードは落ちても小さく回ったほうが理論的には速い。しかし、サーキットでは大きく回った方が一般的に速

ライン取りの基本はアウトインアウトである。できるだけ速度を落とさない考え方のこのライン取りは、大きなコーナーほど生きてくる。

第4章　ドライビングテクニックの基本

大きなコーナーでは一度落とした速度は回復しにくい。それはタイヤのグリップ能力を加速に100％使うことができにくいからだ。

いのである。それを簡単に説明すると、一度落としたスピードは回復が難しいという事情による。タイヤのグリップ限界ぎりぎりの減速とコーナリングは比較的簡単にできるが、立ち上がりでの加速は、大トルクがないとタイヤの能力を使いきれない。

つまり、ジムカーナで1本のパイロンを回るようなときには1速ギヤで充分なトルクがあるが、サーキットのようなコーナーでは最低でも2速以上であるだろうし、それが3速や4速のコーナーになったらなおさら、ホイールスピンを起こすぎりぎりの駆動力をタイヤに与えることは、F1のような軽量大パワーのマシンでなければできなくなってくる。結局は、多少長めに走ってもスピードをあまり落とさずに走った方が、トータルでは速くなる、という考えに基づくものだ。

したがって、ミニサーキットのごく小さなコーナーなどでは、パワーがそこそこあるクルマならアウトインアウトよりも、直線的にインに向かって小さく回る走法も充分あり得る。実際にどちらのラインを取るべきかは、コーナーの半径、クルマのトルク、タイヤのグリップ力で一概に言えないので、以上の説明を背景に自分で試して探すしかない。

103

◆縁石に乗るべきか

　コーナーのイン側、クリッピングポイントの前後にはたいてい縁石が設けられている。また、立ち上がり部分にはアウト側にやはり縁石が設けられているのが普通だ。かつては、この縁石が非常に角度が急で高いものが見られたが、現在はかなり低いものになっている。コースにもよるが、この縁石は必ずしもなめらかではない。奥の部分にあえて凹凸を付けている場合もあり、深くタイヤを乗せると振動が来て、サスペンションに影響を及ぼす場合もある。しかし、この縁石は多少のショックをサスペンションに与えるとしても、積極的に利用した方がよい。

　インの縁石にタイヤを乗せる走行ラインは、それだけ内側を走ることになるので、わずかだが走行距離を短くできる。それよりも、縁石にタイヤを乗せれば回転半径を大きく取れるので、それだけスピードを乗せたコーナリングが可能だ。インをカットした方が明らかに速く走れる可能性が高い。

　デメリットとして考えられるのは、コーナリング中の安定性に影響を及ぼさないかということだが、意外に少ないはずだ。なぜなら、縁石に乗せるタイヤは前後ともイン側である。コーナリングの真っ最中のイン側のタイヤは、荷重の多くが外側に移動しておりほとんど荷重を受け持っていないからだ。たとえイン側タイヤが突き上げられても、あるいは振動を拾っても、コーナリングを支えている

イン側の縁石は積極的に使ってよい。回転半径を大きく取れるし距離的にも近道になる。荷重がアウト側に移動しており、イン側タイヤが多少突き上げられても影響は少ない。

第4章　ドライビングテクニックの基本

アウト側の縁石も回転半径を大きく取れるので利用してよい。ただし、荷重の掛かっている側のタイヤなので、乗ったときの影響は練習時に確かめておくこと。ウェットの場合は滑ることもある。

のは外側のタイヤなので、大きな影響はないはずだ。

　コーナー出口アウト側の縁石も、インの縁石ほどではないにしろ大いに活用して構わない。この縁石も、回転半径を大きく取れるので、通過スピードを高くすることが可能だ。ただし、コーナリングを受け持つアウト側タイヤが乗るのであるから、乗ったときの影響は事前に確かめておく。特にウェットコンディションでは縁石が滑りやすい可能性もあるので、確認しておく必要がある。

◆長いストレート前のコーナーの重要性

　サーキットにはコーナーがいくつもあるが、特に大切なコーナーというのがある。それは先が長いストレートになっているコーナーだ。別に定規で引いたような直線でなくてよい。コーナーを出てから加速区間が長いという意味だ。このようなコーナーがなぜ大切かというと、コーナーの立ち上がりの良し悪しが、その後のストレートに尾を引くからだ。その結果、大きなタイム差が出てしまう。

　スローインファーストアウトでの例のように、コーナリングの良し悪しで立ち上がりのスピードに差が出ることはよくある。ここで大切なのは脱出スピードで

105

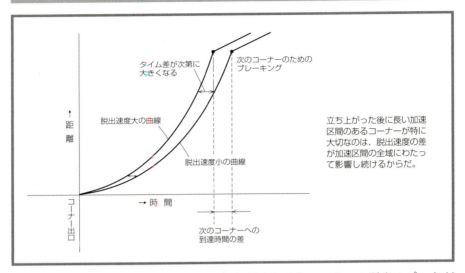

ある。進入時に姿勢を乱して立ち上がりが遅くなるとコーナーの脱出スピードが理想的な場合よりも低くなってしまう。その差はわずかかもしれない。しかし、その時点ではわずかでも、後にストレートが長く続く場合は、わずかの差で済まなくなるのだ。

　なぜなら、脱出時のスピード差はその後の加速区間の全域にわたって差が開いたまま進むからである。つまり、加速区間中はどの区間を取っても常に脱出速度が高かったクルマが高い速度を保っていることになる。もし立ち上がったすぐ後に次のコーナーがあるような場合は、脱出速度の差が影響する区間は短い。しかし、その先が長いストレートの場合の立ち上がりは、できるだけ脱出速度を高めるように姿勢を乱さずきれいに立ち上がることが重要だ。シフトアップのミスは決定的な遅れにつながることも充分認識して、ミスを犯さないように慎重に操作する。

◆クリッピングポイントをどこに取るか

　アウトインアウトにおいて、最もインに寄ったところをクリッピングポイントと呼ぶ（CPと略されることが多い）。単純なアウトインアウトのラインであれば、

第4章　ドライビングテクニックの基本

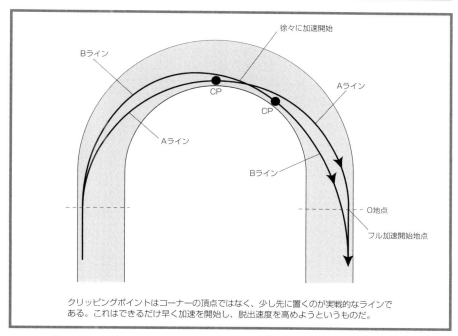

クリッピングポイントはコーナーの頂点ではなく、少し先に置くのが実戦的なラインである。これはできるだけ早く加速を開始し、脱出速度を高めようというものだ。

クリッピングポイントは図のAラインのように円の真ん中にくる。しかし、実際はこのようなコンパスで描いたような円が理想のラインではない。実際のクリッピングポイントは頂点より少し先になる。したがって、ラインは図のBラインのようになる。つまり、進入時のほうが円弧が小さく、立ち上がりで次第に円弧が大きくなるようなラインになる。

このライン取りがコーナリングの基本である。なぜこのようなライン取りをするかというと、立ち上がりスピードを高めるためだ。つまり、前項にあるように、この後に加速区間があるなら、なるべく脱出速度を高めた方が、その後の加速区間でタイムが稼げるからである。

Aラインの場合は直線部分でブレーキングを終えたら、一定のアクセル開度でコーナリングを続け、直線部になったら全開にするパターンである。しかしBラインの場合は、最初のコーナリング区間は曲率半径が小さい分速度も落とさねばならないが、アクセルを開け始めるポイントはクリッピングポイントの少し手前か

107

らで、早い時期からアクセルを開け始められる。徐々に半径を大きくしながらアクセル開度も大きくしていくので、脱出地点OではAラインの時よりも速度は高くなっている。

◆スローインファーストアウト

スローインファーストアウトとは、「ゆっくり入って速く抜ける」という考え方である。実際にはゆっくりより速いほうが良いに決まっている。進入区間をゆっくり入った方が速いという理論的な根拠はない。

しかし、昔からこの言葉がレーシングテクニックで言われ続けているのは、それなりの意味を持っているからである。それは、コーナーの立ち上がりの大切さを表現したものと解釈すべきなのだ。

タイヤの能力を完璧に使い切ったブレーキングとステア操作で最も速い進入を100％とした場合、普通はこの100％をめざす。しかし、初心者ほど毎回100％を達成するのは困難だ。しかし、速く走りたい気持ちがあると、時に102％や105％の突っ込み「ファーストイン」をしてしまうことがある。102％ならスピンしたりコースアウトという決定的な失敗にはならない。

しかし、限度を超えた突っ込みは姿勢を乱したり、理想のラインを外したり、

スローインのほうが速いという理論的根拠はない。しかしこの考え方は厳然として生きている。それは精神論、方法論として正しいからだ。

その立て直しのために、理想的な立ち上がりができなくなる。アクセルを踏むタイミングが遅れる結果になるのである。それは立ち上がり加速に尾を引く結果になる。

これに対し、「スローイン」で抑えて進入した結果が98％であったとすると、進入では若干後れを取る。しかし、立ち上がりに関しては余裕を持って完璧な立ち上がりが可能になる。2％の不足は次の立ち上がりに尾を引かない。結果的には同じ2％の違いでも、スローインのほうが良い結果が得られるのである。

つまり、スローインファーストアウトは精神論であり、その教えは、「蛮勇を振るって突っ込みすぎて限界を超えるより、下から徐々に積み上げて限界に近づくよう、進入を大切にしたコーナリングをしなさい」ということと解釈すべきなのだ。

◆最もグリップが良いのは若干アクセルを開けた状態

摩擦円の概念からすると最も大きなコーナリンググリップを得ようとするなら、加速や減速にグリップ力を使わず、100％コーナリングのみにグリップ力を使うことだ。

ただし、それはアクセルオフの状態を意味するものではない。タイヤには転がり抵抗がある。それも限界でのコーナリング中は大きな抵抗が発生している。つまり、摩擦円で考えるとアクセルオフの状態では後ろ向きの力が働いているので、そのベクトル分、横方向のグリップは小さくならざるを得ない。

最大のコーナリンググリップを得るためには走行抵抗を打ち消すだけの駆動力を掛けた状態が良い。つまりその速度を維持する状態だ。

最大の横グリップを得るためには、後ろ向きのベクトルを打ち消すようにアクセルを開けてやる必要がある。どれだけ開けるべきかといえば、コーナリングの速度を維持するだけ、ということになる。開けすぎても、開け足りなくても横グリップは下がる。

　FR車で一定スピードでコーナリング中、前方のクルマの異変などでアクセルを抜くと、テールが流れてスピンしそうになったりする。これはアクセルを踏んだ状態で釣り合っていた横グリップが、アクセルを抜いたことによりグリップ力が落ちるからである。さらに、減速による荷重移動が後輪グリップの減少を助長するように働くからだ。

　FF車の場合は複雑だ。アクセルを抜くと横グリップは減るはずだが、減速による荷重移動は前輪のグリップ力を増す方向になる。相反する作用が働くので、実際にどのような挙動を示すかは微妙だ。かつてFF車が出てきた当初は、タックインといって、コーナリング中にアクセルを閉じるとインに巻き込む性質が顕著であった。しかし、現在のFF車はこの性質をほとんど消しており、無改造のFF車ではコーナリング中に急にアクセルオフしてもほとんどステア特性に変化は見られないのが実情だ。

　タックインという特性は上手く使えばマシンコントロールをしやすくするものだが、現在の生産車は一般ユーザーの安全性の見地からその特性は持たせていない。

FR車が限界でコーナリングしているとき、急にアクセルを抜くとテールが流れだす。アクセルを踏んだ状態で釣り合っていた横グリップが落ちてしまうからだ。後輪荷重が減ることもそれを助長する。

AT車でのサーキット走行

日本におけるAT(オートマチックトランスミッション)の装着率はすでに80%を越えており、大多数が広い意味でのAT車になっている。MT(マニュアルトランスミッション)車の設定がない車種も多くなっている現実もある。F1をはじめ本格的なレーシングカーの世界でもセミオートマチック化は進んでおり、実際にはモータースポーツの分野でもオートマ化の方向性は否定できない。

AT車でもサーキット走行は可能だ。確かにATには不利な部分があるが、長所を生かせばかなり速く走れる。セミオートマといわれるシーケンシャルMTならおさらだ。

AT車が不利な点としてまず伝達効率があるが、それよりも流体を使うことによる駆動の遅れ、タイムラグが生ずることが大きい。

そのような情況から、AT車でスポーツ走行をすることも当然あることだろう。本当のコンペティション（競走）であれば、現状ではMT車のほうが効率的に有利であるが、サーキット走行を楽しむ分にはAT車でも充分楽しめる。JAFの公認レースにはAT車部門というものはないが、無公認のクラブイベントではATクラスを設ける場合もあり、コンペティションを楽しむことも可能である。

そもそもAT車は2ペダルという成り立ちから、ドライビングはMT車よりも簡単である。スポーツ走行もそれだけ簡単であるとも言える。しかし、AT車の特性を知ってそれに対応したドライビングをしないと、AT車の性能は充分に引き出せない。AT車にはMT車より有利な面と不利な面の両面がある。それをふまえてオートマ車の性能をフルに引き出して使うことが大切だ。

◆ AT車の種類と特性

一口にAT車といっても、実はいろいろな種類がある。最も一般的なのが、流体を使ったトルクコンバーター（通称トルコン）と遊星ギヤを組み合わせた多段式ATである。そして、最近増えているのがCVTで、これは金属ベルトによる無段の変速機構を持つものだ。これもクラッチ機構としてトルコンを組み合わせたものが主流だ。いずれの方式もシーケンシャル方式のシフトを付加したものがある。このほかに「シーケンシャルMT」などと呼ばれて分類としてはマニュアルミッション

流体を使ったトルコンと遊星ギヤを使った多段式ATのカットモデル。左端がトルコンでエンジン側になる。段数が多くなるとそれだけ長くなる。

第4章 ドライビングテクニックの基本

になるが、クラッチ機構を自動化した2ペダルのMT車がある。国産車、輸入車ともその機構は独自の工夫がなされているが、いずれもスポーツユースに適したミッションだ。

トルコンと遊星ギヤの組み合わせのATを狭い意味でのATとすると、この場合流体を介してトルクが伝わるので、どうしてもそこで遅れが生ずる。つまり、アクセルに対するレスポンスが悪い。これはサーキットなどのスポーツ走行では大きなマイナスになる。CVTのほうも多くはトルコンを介しているが、速度で20～25km/hでロックアップされるので、サーキット走行ではあまり問題にはならない。しかし、ベルト駆動ではやはりある程度の滑りが生ずる。特に大トルクを掛けたときには滑りも大きくなりがちで、これがアクセルレスポンスを悪くする。ただ、CVTのほうがその遅れは少ないので、無段という条件（理論的に常に最高馬力の回転数を使える）とともにサーキット走行にはATよりCVTのほうが優れた機構だといえる。ただ、現状ではCVTは対応パワーに限度があり、大パワー車には採用されていない。

いずれにしろ、効率的には現在のところMTのほうがまさっており、サーキット走行の主流がMT車

CVTのカットモデル。これも流体式のトルコンを組み合わせたタイプ。金属ベルトは右側上部と中央に掛かっている。

同じくCVTの透視図。やはり左手前がトルコン部で後方にベルトが掛かっている。

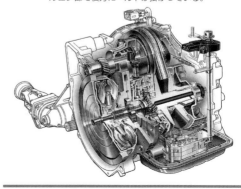

AT車のコクピット。2ペダルということとシフトレバーでなくセレクトレバーであることが違う。この違いをどう生かすかがポイントになる。

であるのは確かだ。しかし、2ペダルでドライビングが容易というのはAT車の有利な点であり、これを生かせば、AT車でもかなり速く走れる。

◆左足ブレーキングの有用性

　普通の人はAT車でもブレーキは右足で踏む人がほとんどだろう。しかし、2ペダルなら本来は右足はアクセル、左足はブレーキと、役割を分担させた方がよい。そうすれば「アクセルとブレーキを間違えた」などという事故は起こりえない。とっさのブレーキングにも対応しやすい。今やF1も左足ブレーキングであるばかりか、WRCにおいてもシーケンシャルMTのおかげで左足ブレーキングは常識的なテクニックになっている。それは、左足でブレーキを踏むことにそれだけメリットがあるからだ。

　3つのペダルを持つ通常のMT車では事実上できなかった左足ブレーキングが、2ペダルのAT車なら容易にできる。AT車でサーキット走行するポイントは、まさに左足ブレーキングを行なうことにある。左足ブレーキングを使わないということは、AT車のデメリットを色濃く出すだけだが、左足ブレーキングを行なえばMT車を越えるメリットを引き出せる。これはサーキット走行でも一般路走行でも同様であり、使わない手はない。そこにこそAT車ドライビングの醍醐味がある。

　そもそもアクセルペダルとブレーキペダルを右足で踏み替えるというのは、時

間的なロスがある。コーナー進入に際してのブレーキング開始では、アクセルを離してブレーキペダルを踏むまでの間に、積極的に加速も減速もしていない空走区間が必ずできる。また、ブレーキングを終えてアクセルペダルに踏み替えるときも、時間的なロスが生ずる。ブレーキング後にハーフアクセルの区間があるような奥が深い(回り込んでいる)コーナーではあまり問題ないが、ブレーキング後にすぐにフルアクセルが必要な浅いコーナーでは、踏み替えの時間は全く無駄で、それだけアクセルを踏み込むタイミングが遅くなる。

このことはMT車でもAT車でも同様だが、特にトルコンを使ったAT車ではアクセルレスポンスが悪いので、タイヤに駆動力が掛かるのに時間的遅れが生じる。また、ターボエンジン車の場合も一般にアクセルレスポンスが悪いので、遅れが生じやすい。したがって、2ペダルのAT車でサーキット走行するなら、左足ブレーキングは絶対に使うべきテクニックであるといえる。

サーキット走行には左足ブレーキングが有用。踏み替えの時間がなく、アクセルオンのタイミングを早められる。

◆左足ブレーキングの練習

普段ブレーキペダルを右足でしか踏んでない人は、左足ブレーキングは練習しないとうまく踏めない。右足では無意識にコントロールしているブレーキングが、左足ではうまくコントロールできないのだ。そこで、普段の公道走行でも左足ブレーキングを使うようにし、練習しておくことだ。

しかし、左足ブレーキングを交通量の多い一般路でいきなり練習するのは危険だ。初めて左足でブレーキを踏むと、たいていがいわゆる「カックン」ブレーキになってしまい、追突の危険があるからだ。これはブレーキ力をコントロールでき

ていないからで、特に中速域からスピードが落ちて低速域になったとき、急停車しがちである。

　運動エネルギーは速度の自乗に比例しているので、スピードが落ちるとエネルギーは大幅に小さくなってくる。同じブレーキ踏力では強すぎるので、弱めなければならないのだが、左足ブレーキに慣れていないとそれができない。一般路での通常走行では停車寸前にはかなり踏力を弱めるが、この動作は右足では無意識にやっている。しかし、左足ではできないのである。まずは、こうしたブレーキ踏力のコントロールを左足に覚えさせる（実際には脳だが）必要がある。

　したがって、最初は誰もいない広場や、一般路でも空いた道を選び、後続車がいないことを確認してから試す。左足はかかとを床に着け、最初は低速から、カックンブレーキになりやすいことを意識して、軽く踏むところから始める。そして、次第に高い速度域からブレーキングする練習をする。右足と同等に左足でもブレーキが踏めるようなったら、サーキットでも左足ブレーキングを使ってみる。一般路より強い踏力が必要だが、かなり使えるようになっているはずだ。

◆セレクターとシフトポジション

　AT車のセレクターレバーによるコントロールシステムは、自動車メーカーや車種によりいろいろある。前進の場合基本的にはL、2、3、Dといったレンジがあるが、最近はシーケンシャルシフトを付加しているクルマも多い。特にスポーツモデルのAT車ではほとんどが採用している。

　AT車のそもそもの目的はイージードライブであるから、セレクターレバーはDレンジに入れておけばすべてまかなってくれる。フル加速が必要な場合も、アクセルを一気に踏み込めば自動的にシフトダウンして低いギヤで加速してくれるので、一般走行であればDレンジに入れっぱなしでも差し支えない。

　シーケンシャルタイプのシフトにはギヤ固定式もあるが、多くはレンジ固定で選択ギヤ以下のギヤはカバーしてくれる。たとえば4速のまま2速域の速度まで落としたとき、そのままでもアクセルを踏み込めば2速にキックダウンして加速してくれる。そして、アクセルを踏んでいれば3速、4速へとシフトアップもしてくれる。し

第4章　ドライビングテクニックの基本

スポーツタイプのAT車ではたいていシーケンシャルタイプのシフトが可能になっている。サーキット走行ではこれをうまく使いこなすとよい。

かし、5速以上にはシフトアップしてくれないというものだ。したがって、高いギヤをセレクトしておけば、Dレンジの場合と同様に、イージードライブが可能だ。

しかし、速さを求めるサーキット走行ではこれでは遅い。たとえば一般的なコーナリングで考えると、ブレーキングして速度を落としコーナリングにはいったとき、ATのギヤは一般路に合わせているから高すぎる。そのためアクセルコントロールが充分にできない。そして、立ち上がりでアクセルを一気に踏み込んでも、そこからキックダウンを行なうので完全に加速タイミングが遅れる。やはり速く走るためには、AT車であっても速度に合わせた適切なギヤが選択されている必要があるのだ。

◆2ペダル走行の実際

AT車でのサーキット走行を始めるとき、まずオーバードライブのスイッチはオフにしておく。燃費より走りを優先したパワーモードやスポーツモードの選択肢がある場合はもちろんそれらを選ぶ。シーケンシャルシフトとオーソドックスなセレ

クターの両者を備えている場合は、シーケンシャルタイプを選んだ方がよいだろう。そのほうが細かくギヤの選択が可能だ。もっとも、最近はシーケンシャルシフトを設けることによりDレンジ以外の前進レンジを設けていない場合もある。

　セレクターでもシーケンシャルシフトでも、ギヤダウン時の速度が高すぎた場合、そのままシフトダウンを許したのではトルコンに衝撃的な負担を掛けるし、ホイールロックを起こしてスピンしかねない。それを避けるために、そのギヤが守備範囲とする速度域まで速度が落ちないとギヤは入らないようになっている。したがって、適正な速度域に落ちてからシフトダウンするのが理想ではあるが、少々早めにシフトダウン操作をしたからといっても大きなミスにはならない。その点はAT車の利点である。

　アップにしろダウンにしろ、サーキット走行では常に速度にあったギヤが選ばれているのが原則だ。特にブレーキングなど減速時にはAT車の性質としてギヤは落ちるどころかむしろアクセルオフにより上がってしまうものだ。したがって、早めにシフトダウン操作をして速度に合わせたギヤ選択をすることを心掛ける。

　自動に任せてよい例外がある。たとえばレースのスタートのようにゼロから第1コーナーまで一気に加速する場合、1コーナー手前でたとえば4速まではいるとしたら、最初から4速を選んでスタートしてもよい。4速までは加速だけと決まって

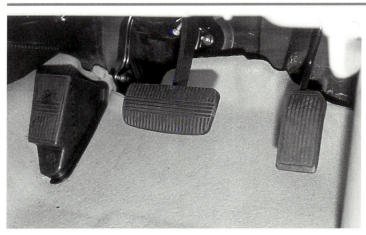

スポーツタイプのAT車では左足のフットレストが付いていることが多い。フットレストの高さはブレーキペダルと同等かやや高めがよい。すぐにブレーキペダルに移動できるからだ。実戦的にはかかとを床に着け、常にブレーキペダルの上に左足を置いておく。

118

第4章　ドライビングテクニックの基本

駆動力が伝わるのにタイムラグがあるので、アクセルオンをその分早める。ブレーキとアクセルの両方を同時に踏んでいる瞬間も当然出てくる。

いるなら、ただアクセルを目一杯踏んでATに任せてシフトアップした方がスムーズで確実だからだ。最初のスタート時は、左足でブレーキを踏んでクルマを止めておき、スタートの数秒前からアクセルを踏み込み始めてエンジン回転をある程度上げ、スタートの合図に合わせて一気にアクセルを踏み込むとともにブレーキを離してスタートする。スタート合図に正確に合わせるのは、あくまでもブレーキペダルの解除である。

　ブレーキを踏んだままアクセルを開けてエンジン回転を上げることは、トルコンに負担を掛けるので数秒以内で済ますこと。機械的な破損は生じなくてもATF（AT用フルード）の劣化を早めていることは考慮しておく。Nレンジにしておいてエンジン回転を上げ、いきなりDレンジなどにぶち込むことで急発進ができるが、これはトルコンをはじめ駆動系への負担が大きすぎるのでやってはいけない。

　ブレーキを踏んだままアクセルを開ける方法が使えるのは、AT車の大きなメリットだ。これを使うことでMT車に迫る、場合によっては超える走りができる可能性もある。スタートのみならず、ブレーキング後にすぐ加速体勢に入る回り込みの浅いコーナーを通過する場合など、ブレーキングを残したままアクセルオンに入って、AT車特有の駆動の遅れをなくすことができる。

　AT車における一般的なコーナーの通過方法を記してみる。

　Dレンジまたはシーケンシャルの5速ギヤでコーナーに差し掛かる。左足ブレー

キングにより減速、ある程度速度が落ちたところでDレンジから2レンジに入れる。エンジンブレーキはいずれにしてもあまり頼れないので3レンジがあっても飛ばして差し支えない。シーケンシャルではその性格から5速→4速→3速→2速とシフトダウンする。アンダーステアを出さないように、ブレーキングを残してステアリングを切るとともにアクセルをコントロールしながらコーナリングにはいる。2速ギヤがホールドされているので、アクセルコントロールはしやすいはずだ。立ち上がりはMT車よりも早いタイミングでアクセルを踏み込む。AT車特有の遅れをカバーするためだ。踏み込むタイミングは、そのクルマの性格に合わせて練習する。

　一般に低いギヤでは比較的レスポンスも良いが、高いギヤでは悪いので、その分早くアクセルオンする必要がある。ターボ車であれば、その分も加味して早めにアクセルオンして立ち上がる。後は回転計を見ながらシフトアップしていくのが基本。ただ、次のコーナーまで加速区間が長いなら、一気にDレンジに入れてフルアクセルでいっても構わない。シーケンシャルでも早めにシフトアップしても、フルアクセルでいけば結果は変わらない。

　ところで、左足ブレーキングは、コーナリング中に姿勢を変えるために使う場合もある。2速コーナーのように遅いコーナーではスピードが落ちてしまって現実的ではないが、比較的速度の高いコーナーでは、コーナリング中にアンダーステアを感じたらアクセルはそのままにチョンと左足でブレーキを踏むことにより、アンダーステアを消すことができる。それは一瞬、荷重が前に移って前輪のグリップが増すからで、高度なテクニックになるが、ラリードライバーならよく使うテクニックである。

　いずれにしろ、AT車でのサーキットドライビングのポイントは、左足ブレーキングによるペダル踏み替えロスの解消と早いアクセルオンにあり、これをマスターすることで、難しいMT車に手こずっている人より速く走れる可能性が充分にある。

第5章　実戦的ドライビングテクニック

連続するコーナーのライン取り

　コーナーが連続していることは意外に多い。ひとつのサーキットで、連続するコーナーがないというほうが稀であろう。連続するという意味は、前のコーナー

サーキットには連続するコーナーはたくさんある。その場合は必ずしも
アウトインアウトの原則にとらわれないライン取りが必要にもなる。

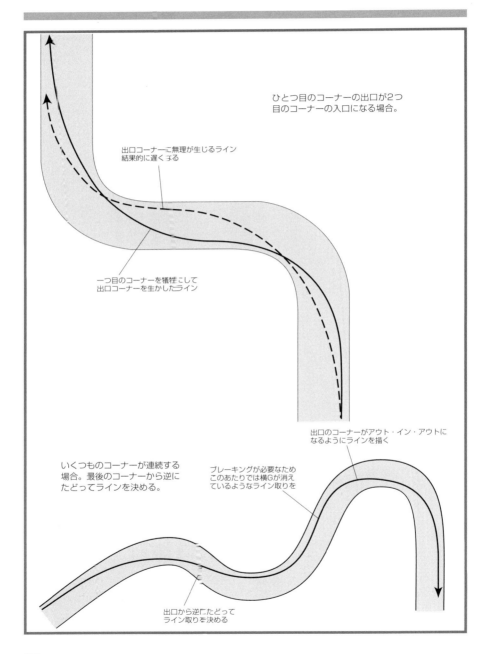

第5章　実戦的ドライビングテクニック

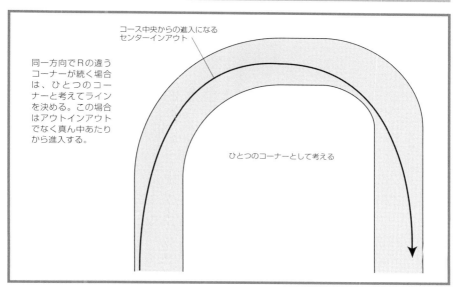

コース中央からの進入になる
センターインアウト

同一方向でRの違うコーナーが続く場合は、ひとつのコーナーと考えてラインを決める。この場合はアウトインアウトでなく真ん中あたりから進入する。

ひとつのコーナーとして考える

の横Gが消えないうちに次のコーナーのコーナリングやブレーキングに入る場合だ。このような連続するコーナーの場合は、単純にアウトインアウトのラインを取ればよいとは限らない。

　連続するコーナーのライン取りの基本的な考え方は、出口から逆に考えていく

コーナーの形状によってはアウトではなく真ん中あたりからの進入になる場合もある。

123

前のコーナーの横Gが消えないうちの進入でも同様のことがある。

ことである。最後のコーナー出口こそが大切なことは、コーナーの後に長いストレートがある場合の立ち上がりが大切なのと同じことだ。その出口を最も速く立ち上がれるように、ラインを描く。たとえば122頁上図のような場合、ひとつ目のコーナーをアウトインインのラインを取ることが、2つ目のコーナーをアウトインアウトのラインで抜けることにつながる。122頁下図はコーナーが連続する例だが、ここも最後のコーナーをいかにうまく立ち上がるかでライン取りを決め、それに合わせて手前のラインを決めていく。123頁図はR（曲率半径）の大きさが異なるカーブを合わせたコーナーで、走る上では事実上ひとつのコーナーと見なされる。このようなコーナーでは進入もアウトからでなく真ん中あたりからになる。

追い抜きの実際

　争うクルマの性能差やドライビングテクニックの差が大きければ追い抜きは簡単だが、実力が拮抗している場合はなかなか抜けない。そうした場合は追従したまま相手のミスを待つことになる。しかし、ただ前車の真後ろに付いて走っても、相手はなかなかミスをしない。時にはインに寄せて飛び込む姿勢を見せたり、揺さぶることも必要だ。しかし、追い抜き不可能なことを毎回繰り返していては、相手に学

第5章　実戦的ドライビングテクニック

習させるだけでなかなかミスをしない。このへんは心理戦になる。

★追い抜きの基本・1

　追い抜きの基本はインを差すことである。2車が併走してコーナーを回るということは、コーナーを単純に小さく回るか、大きく回るかの違いになる。外側のクルマはクリッピングポイントを取ることができないから、当初論じたような単純なタイム計算になる。つまり、内側のラインのほうが距離が短い分速いのである。外側のラインは距離が長い分速度を高めなければならないが、速度は自乗に比例するので遠心力がそれ以上に大きくなってしまう。グリップ限界が両車同じとすれば距離の長い分を取り戻すだけのスピードは出せない。

　イン側が有利なことは、もう一つある。もしコーナリング中に両車のサイドが

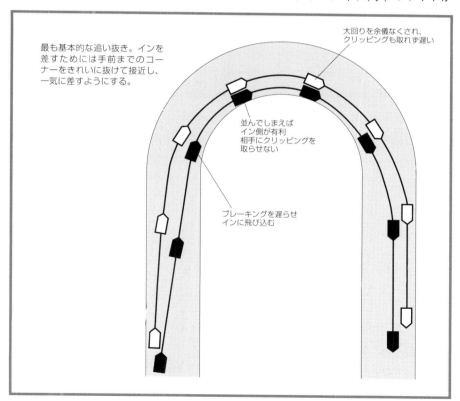

最も基本的な追い抜き。インを差すためには手前までのコーナーをきれいに抜けて接近し、一気に差すようにする。

大回りを余儀なくされ、クリッピングも取れず遅い

並んでしまえばイン側が有利　相手にクリッピングを取らせない

ブレーキングを遅らせインに飛び込む

125

複数台で走るサーキット走行では、必ず追い抜きの場面が出てくる。競り合っていない場合は簡単に抜けるが、競り合っている場合には容易ではない。

ぶつかり合った場合、イン側の車両は遠心力を弱める方向に力が働くが、アウト側の車両は遠心力にプラスされるように作用し、車両はアウトに飛ばされる可能性がある。わずかな力であればラインがずれるくらいで済むが、場合によってはコース外にまで飛ばされる危険がある。

　追い抜きの場面でインを差した車両が有利なのは、この2点があるからで、物理的にも心理的にも断然有利である。しかし、そう簡単にインを差せるわけでもないのが現実だ。前車との差が大きいのに無理に突っ込めば当たったり、自らスピンしたりしかねない。タイムが伯仲した車両同士では、インを差すためにはチャンスをうかがう必要がある。

　競り合う両車の差はラップごとに変化する。それは両車とも各コーナーの通過速度にバラツキがあるからで、時には前車に接近したり、離れたりしている。したがって、前車に接近したチャンスをとらえて、ここぞとインに飛び込むようにする。そのためには追い抜き可能なコーナーのいくつも前からできるだけ接近できるようにていねいなコーナリングを心掛ける必要がある。

★追い抜きの基本・2
　もうひとつ基本的な追い抜き方法がある。まず前車のインを差す意志を見せてコーナー手前でイン側に寄る。前車はインを取られないようにやはりイン側に寄

第5章 実戦的ドライビングテクニック

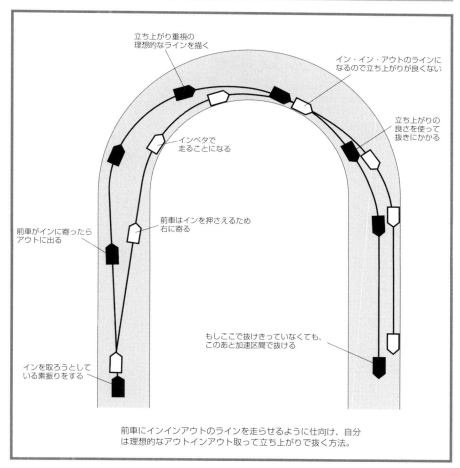

前車にインインアウトのラインを走らせるように仕向け、自分は理想的なアウトインアウト取って立ち上がりで抜く方法。

るはずだ。そこで一気にアウト側に出てアウトインアウトの基本ラインを取る。通常前車はそのままインインアウトを取らざるを得ないので、理想的なライン取りができない分遅くなる。もちろんこれで決定的な差が生まれるわけではなく、必ず抜けるとは限らない。しかし、コーナー後の加速区間が長ければ、速い立ち上がりで次のコーナーまでに前に出られる可能性が出てくる。

　実際にはクリッピングポイントあたりで両車は交差する可能性が高い。そのため、理想的なラインよりも、さらにクリッピングポイントを遅らせたラインとし

て、前車がアウトへはらんでいくところをイン側から抜けて行くようにするとよい。やはりコーナー出口までに簡単に抜けるわけではないので、立ち上がり重視でできるだけきれいに立ち上がる。そして、出口で横に並べるくらいになれば、その後の加速区間で前に出られることになる。

スリップストリーム

　高速域で先行する車両の背後に入ると、空気抵抗が減って単独走行のとき以上に速度が上がる現象がある。このことをスリップストリームといって「スリップストリームを使う」とか「スリップストリームに入る」とかいう。ただし、イギリスではトーイングというのが普通のようだし、アメリカのインディーカーなどではドラフティングという。

　スリップストリームの原理はどのようなものか考えてみよう。クルマが走行すると空気抵抗が発生する。この空気抵抗は圧力抵抗、摩擦抵抗、誘導抵抗といった種類に分けられるが、圧倒的に大きいのはやはり圧力抵抗である。普通の乗用車の場合、主にフロントノーズ部とフロントガラスに正圧（プラスの圧力）が掛かり、後部には負圧（マイナスの圧力）が掛かる。つまり、大気圧を基準に考えると前からは押され、後ろからは引っ張られるように力が働く。これが空気抵抗の主

スリップストリームを使うと確実に空気抵抗が減って速度が上がる。体感では分かりづらいがスピードメーターやタコメーターを見ると、単独走行時より同地点で確実に高いスピードや回転数を示しているのが分かる。

第5章　実戦的ドライビングテクニック

スリップストリームは後車だけでなく前車にもメリットがある。後車がアクセルを緩めて追い越さずにずっと前車の後ろに入ったまま進むことは、前車の空気抵抗も減って2車とも速く走れる効果がある。

なものだ。なお、負圧が掛かるのは後部ばかりでなくボンネットや屋根もそうで、これらは車体を持ち上げる力「揚力」として作用するので、レースマシンや普通の車両設計でも重要な問題だが、ここでは抵抗だけを扱う。

　スリップストリームを簡単に考えると、1車分の空気抵抗を2車で分け合うようなものだ。つまり、前車は前面の正圧を、後続車は背面の負圧を負担する。後続車は前から受ける正圧がなく、背面で引っ張られる負圧だけなので、空気抵抗は大幅に減る。一方、前車のほうも前面の正圧は受けるが、背面の負圧がなくなる分、後続車ほどではないが、負担が減る。実は前車にもタイム的にはスリップストリームの恩恵があるわけだ。

　実際には、2車が連なって走っても1車分の空気抵抗では収まらない。両車の間の形状はなだらかではないので、後続車もある程度は前面に圧力を受けるし、前車も背面に負圧を受ける。別の見方をすれば、2車を1物体と考えると形状による抵抗係数が変わってくるといえる。物体が長くなれば空気の摩擦抵抗にも違いが出てくる。実際には1車分の空気抵抗より数割以上多いはずだ。それでも、特に後続車には空気抵抗が大幅に減るメリットがある。

　空気抵抗Dは次のような式で求められる。

　　$D = C_d 1/2 \rho S V^2$

　　C_d＝空気抵抗係数、ρ＝空気密度、S＝前面投影面積、V＝速度

空気抵抗係数Cdはクルマの形状から決まる固有の値で、数値が小さいほど抵抗が少なくなる。最近はカーメーカーが新型車の小さい「Cd値」を誇って、この値を公表したりすることもある。空気密度はサーキットが海抜何mの場所にあるか、そのときの気圧はどうかで決まるが、車両側の条件ではないのでここでは気にしなくてよい。前面投影面積はクルマを前から見たときの面積で、大きなクルマは当然大きくなるし、ミラーのような車体から出っ張ったものがあると、それだけ増える。速度は自乗に比例していることに注目。

　ところで、スリップストリームはどのくらいの速度から効くかというと、クルマの種類、形状で違うが、普通の乗用車で100km/hぐらいからと考えてよいだろう。しかし、空気抵抗は上記の式から分かるように速度の自乗に比例するので、その効き具合もそれに準じてよく効くと考えて良い。つまり、速度が100km/hのときと比べて150km/hでは2.25倍、200km/hでは4倍の効きになると考えられる。

　インディーカーのように300km/hといった超高速ではドラフティング（スリップストリーム）の影響は非常に大きく、上手く使わないと逆に後続車は乱流によってバランスを崩しスピンすることもある。しかし、ツーリングカーで200km/h程度の速度までなら、そのような心配は要らない。

　前車との差がどのくらいの距離からスリップストリームは効くかについても、クルマの種類、形状、速度で一概に言えないが、15mあたりから可能性が出てくるので、そのような状況に出会ったら前車の真後ろに付けるとよい。効き出せば次第に前車に近づいていく。近づけば近づくほど効きは強くなり、吸い込まれるようになる。ストレートが充分長ければここが追い越しポイントになる。前車に追突する寸前で左右どちらかに出て前車を抜きに掛かるわけだ。

　レースの駆け引きとしては、ここで抜くだけがテクニックではない。全開のままでは前車に追突してしまうので、アクセルを緩めてそのまま前車の背後にピタリと付いていくこともある。この状態では後続車はアクセルは全開でないので、エンジンへの負担は軽くなる。耐久レースでは無理をせずにラップタイムを稼ぐことができるし、スプリントレースでも勝負所の周回数まではあえて前に出ないこともある。

第5章　実戦的ドライビングテクニック

　実は追い抜かずに2車が連なって走ることにも大きなメリットがある。それは先に説明したように前車も後続車もともに速くなるからで、2車で交互にスリップストリームを使い合うことで、他車より速く走ることができる。そのため、後ろのクルマを引き離すことができ、前のクルマには近づける可能性が出てくる。たとえばトップ争いをしている2車であれば、3位以下を引き離せる。また、トップに引き離されて2位争いをしている2車であれば、トップに近づける可能性が出てくる。

　スリップストリームで気をつけることは、エンジンのオーバーヒートである。空気抵抗は減るが、後続車はラジエターへの空気の流れが妨げられるので、水温が上がってしまうのだ。スリップストリームを多用するときには水温に注意して、状況によっては横に出て空気をラジエター部へ導入してやる必要がある。これはスリップストリームのときだけの問題ではなく、あまり前車の後部に接近したまま走り続けるとオーバーヒートの危険が出てくる。

　スリップストリームを利用して前車を追い越しに掛かるとき、しばらく併走することがある。このとき2車がサイドバイサイドで接近していると抵抗が減って速くなるという説がある。サイドスリップストリームという人もいるが、これは理論的には誤りで、かえって空気抵抗は増えるはずだ。つまり、クルマとクルマの間の空気は粘性で流れが悪くなり、その分前面投影面積が大きくなるのと同様の

スリップストリームから抜け出て追い抜く時は、1m以上離れて抜く。横に接近して走ると空気抵抗は増える。サイドスリップストリームという考え方は誤りだ。

131

効果が出てしまうからだ。したがって、スリップストリームから抜け出すときは横ぎりぎりに出て抜けるのではなく、1m以上離れた横まで出て抜きに掛かった方がよい。

ウェット路面

　地域や季節で違うが、日本においてその日が雨天になる確率は3割以上だという。年間6回走行会やレースに参加した場合でも、1回や2回雨天に見舞われるのは当たりまえ、全く雨天に遭わなかったらラッキーといえる。サーキット走行を志したら、必ず雨天の場合があることを覚悟し、その対処法を知っておかなければならない。

◆事前の準備、対策

　ウェットコンディションを好む人も中にはいるが、特に初心者はたいてい苦手としているはずだ。それはウェットでは限界が低いばかりでなく、操縦性がピーキーになるからだ。ドライコンディションであれば、たとえテールが流れ出してもカウンターステアを当てることでリカバリーできるところが、ウェットでは修正がきかずに一気にスピンしてしまう。コースアウトした場合もミューが低いの

何回もサーキット走行を行なっていると必ずウェットコンディションに会う。それだけにウェットコンディションへの対処法は必ず知っておく必要がある。

第5章 実戦的ドライビングテクニック

ウェットでまず必要なことは視界の確保だ。ワイパーや曇り止めなど、まずはドライビング以前のものにも気を配る必要がある。

でなかなか止まらず、ガードレールにクラッシュする確率も高くなる。

また、ウェットコンディションでは視界も悪くなる。複数台が同時走行するので、場合よっては前車の水しぶきで前が見えなくなることもある。

ウェットコンディションでの走行のためには、まず車両に対する対策が必要だ。その第一が視界の確保である。まず、ワイパーの事前のチェックだ。ブレードが痛んでいないか、しっかりふき取れるかを確認しておく。雨滴を風圧で吹き飛ばす撥水ワイパーと呼ばれる溶剤の塗布も効果的である。事前に塗っておくものや、雨の日に吹き付けて効果のあるものとかいろいろ種類がある。ワイパーと併用するとよい。フェンダーミラーへの塗布もしておくとよい。

走行前には曇り止めをウィンドガラス内面に施す。フロントガラスはもちろんサイド、リヤにも曇り止め剤を塗る。街中走行ではエアコンを入れればガラスの曇りは簡単に取れるが、タイムを追求するサーキット走行ではエアコンはオフにするのが原則。それだけに雨の日はガラスが曇りやすいということを知っておこう。メガネを使用している人はメガネのレンズにも曇り止めを施す。

◆ウェット用のセッティング

ウェット時のサスペンションセッティングといっても、走行会車両やナンバー付きレース車両レベルではやれることは限られてくる。スプリングの交換などは

133

対象外となろう。減衰力調整式のショックアブソーバーが標準で付いていれば、その調整とタイヤの空気圧調整くらいだ。

　まず、ウェット用セッティングについては、必ずしも定説が確立されているわけではない。ドライで良いセッティングはウェットにも通ずるという説もある。ただ、速さの点はともかく、乗りやすさの点からはサスペンションは軟らかめのほうが良いと考えられる。ウェット路面では操縦性がピーキーになるといったが、サスペンションを柔らかくすることである程度それを抑えられる。スプリングは替えなくても、ショックアブソーバーの減衰力を調節できるなら、柔らかい方向にすることによりロールしやすくできる。それにより荷重移動が穏やかになり、ピーキーな挙動をある程度抑えることができる。

　タイヤの空気圧調整も同様で、空気圧を減らすことによりサスペンションを柔らかくしたのと同様の効果を得られる。コントロールしやすくする意味で、ウェットではタイヤ空気圧を下げるのは有効である。

　タイヤの空気圧を減らす意味はもう一つある。それはタイヤの温度を上げやすくするということだ。ウェット路ではグリップレベルが下がるので発熱しにくいばかりか、水により冷却されるのでタイヤ温度が理想の値まで上がらないことが多い。空気圧を下げることによりタイヤのヨレが大きくなり、温度が上がりやす

ウェットセッティングの基本は、操縦性のピーキーさを減らすためにサスペンションを柔らかくする方向で考える。タイヤも空気圧を下げる方向にする。

第5章　実戦的ドライビングテクニック

くなる。といってもそう極端でなく、20kPa（0.2kg/cm^2）以内の範囲で考えるとよい。一般にスポーツ性の高いタイヤほど、温度によるグリップ変化が大きいので、ウェットコンディションではSタイヤをはじめスポーツタイヤではタイヤ温度に気を配るべきだ。

◆ウェットコンディション時のドライビング
★加速

　ウェット路面でのドライビングの要点を一言でいうと「急な操作を避ける」ことにつきる。アクセルを急に踏むとホイールスピンを起こし前に進まない。そして一度ホイールスピンを起こすとアクセルを緩めてもすぐにはグリップを回復しない。その先に加速区間が長くある場合など、ここでの立ち上がりミスは決定的なタイムロスになる。

　アクセルを開ける場面で多いのは、コーナーの立ち上がりである。特に小さなコーナーではギヤも低く大きな駆動力が掛かるので、ホイールスピンしやすい。FF車の場合はホイールスピンするとステアリングも効かなくなる。それは摩擦円の概念からも当然のことで、加速しないだけでなくて理想のラインも外すことになる。FR車やMR車の後輪駆動車の場合はホイールスピンするとテールが流れ出

ウェットでは急な操作を避けることが鉄則。加速時もアクセルを急に開けるとホイールスピンをしやすい。一度ホイールスピンさせるとグリップを回復するのに時間が掛かってしまう。

135

す。ドライ路面ではリカバリー可能なテールスライドでも、ウェット路面では一気にスピンにまでいってしまう恐れがある。4WD車の場合はその点では比較的楽だ。駆動力を4輪に分散しているのでホイールスピンしにくい上、ホイールスピンしてもそのままアウトにふくらむだけで、大きく姿勢を乱すことは少ない。

★ブレーキング

　ウェット路では急なブレーキングもホイールロックを招きやすい。ホイールがロックすると路面上をタイヤがスキッド(滑走)することになり、制動距離は大幅に伸びてしまう。

　フロントタイヤがロックした場合は、ステアリングも効かなくなるから真っ直ぐコースアウトしたり、そこまでに至らなくても大きくラインを外すことになる。リヤタイヤがロックした場合は、テールスライドを起こしてスピンしやすい。

　この場合もブレーキ踏力を緩めたからといってすぐにグリップが回復するわけではなく、大きなタイムロスになる。ブレーキをロックさせてしまった場合の対処法は、ポンピングブレーキに切り替えることだ。つまり、ブレーキペダルをポンポンポンと断続的に踏んでやるのだ。いったんブレーキロックさせると理想のライン取りはできなくなるが、コースアウトやクラッシュまでには至らずにすむ場合が多い。

　もっとも最近はABS(アンチロックブレーキシステム)付きのブレーキシステム

ブレーキングではホイールロックに気を付ける。ロックさせるとブレーキ距離が伸びるばかりか、クルマのバランスを崩してスピンしやすい。

第5章 実戦的ドライビングテクニック

を持ったクルマが多い。ABSはこのポンピングブレーキを自動でやってくれる装置だ。ある程度ガツンと踏んでもホイールロックせずにブレーキングできる。しかし、コーナリングに入るときには摩擦円の概念からも、踏力を緩めないとタイヤに曲がる力が発生しない。

　4WD車はウェット路面でも加速が良いので、ブレーキもよく効くものと錯覚しがちだ。4輪がつながっているのでブレーキング時の安定性は良いが、制動の能力は基本的に他の駆動方式と変わらないので過信しないことだ。

　これはドライ路面でも同じなのだが、ウェット路面の方がより出やすい現象なので、ここで説明しておこう。ステアリングを切ったときに曲がらないからといって、ステアリングをさらに切り足して過大に切ってしまうことだ。前輪をロックさせたときや、アンダーが強く出たときなど、感覚的にさらに大きく切ってしまう。

　しかし、タイヤのコーナリングパワーは最初は切り角に応じて大きくなっていくが、ある角度以上では逆に下がってしまう。そのため、大きくステアリングを切った状態のまま真っ直ぐコースアウトすることになる。

　このとき、ステアリングをコーナリングパワーの出ている範囲まで戻してやれば、速度が落ちてグリップを回復したときに、スッと曲がってくれる。もちろんラインは外れても、コースアウトやクラッシュにまで至らずにすむ場合が多い。

前輪をロックさせるとステアリングも効かなくなり、コースアウトすることにもなる。ABSが装着されているとだいぶ楽だが、制動距離は一般的に理想より伸びる。

137

★ステア

　急なステア操作、すなわち急ハンドルもグリップを失いやすい。その結果、ステアしても曲がらず真っ直ぐ行ってしまい、思い描いたラインを走れなくなる。この場合もいったんグリップを失うと、ステアリングを戻してもすぐにはグリップを回復してくれない。

　ステア操作でよくある誤りは、ステアリングの切りすぎである。

　そもそもスリップ状態ではなぜグリップが落ちるかというと、静止摩擦と動摩擦の違いと考えられる。静止している物体を押して動かすとき、動き始めるまでには大きな力がいるが、いったん動き始めると当初より小さい力で押すことができる。つまり、静止摩擦のほうが動摩擦より大きい。粘着の概念でもこれが当てはまると考えられる。つまりタイヤをスリップさせるということは、大きな摩擦円から、小さな摩擦円に移行させてしまうことだ。

　路面とタイヤの関係において、ホイールスピンしている状態をスリップといい、ホイールロック状態で路面を滑走している状態をスキッドというが、広い意味で路面とタイヤが動摩擦状態になっている状況をすべてスリップというなら、スリップしないようにするのがウェットドライビングの要諦である。その一つが「急な操作を避ける」であったが、もう一つは「荷重移動を上手く使う」ことであ

ステア操作でよくある誤りはステアリングの切りすぎである。スリップアングルが大きすぎるとかえってグリップは落ちる。これはドライでも同様だが、ウェットではその誤りを犯しやすい。

第5章　実戦的ドライビングテクニック

る。タイヤの摩擦円の概念はウェット路でも同じであり、ただ円が小さいだけだ。小さいからスリップしやすいので、その円をできるだけ大きくするには荷重を増やせばよい。

このことは、実は急な操作を避けることに通ずるものがあるのだが、いきなり強くブレーキを踏むのではなく、最初はゆるく踏み荷重が前に移動する状態を感じながらブレーキを強めに踏んでいく。ステア操作も同様。最初は穏やかに切り始め、ロールして荷重が外側に移っていくのを感じながら、さらに切り込んでいく、といった感じにする。後輪駆動の場合はアクセルの踏み込みも最初は穏やかに開け荷重が後ろに移動するのを感じながら、さらに開けていく。

◆ハイドロプレーニング

ウェット路で説明しなければならないことにハイドロプレーニングと呼ばれる現象がある。これは、高速走行時にタイヤが水膜に乗ってトレッドが路面から浮いてしまう現象である。この現象が起きるとグリップは失われ、バランスを崩したりスピンしたりする結果が待っている。この現象は排水性の問題であり、タイヤの溝の大きさ、深さ、デザインなどで変わるほか水膜が厚いほど起きやすい。また飛行機の揚力と同じで、タイヤを浮き上がらせる力は速度の自乗に比例するので、速度が

ウェットで問題になるのがハイドロプレーニングという現象だ。水膜の厚さに比例して起きやすいが、速度に対しては自乗に比例して起きやすくなる。

139

上がれば上がるほど飛躍的にハイドロプレーニングは起こりやすくなる。

　ハイドロプレーニングを語るとき、タイヤが完全に水膜に乗ってしまう「完全ハイドロプレーニング」を想像するが、実はそこまでいかない「部分ハイドロプレーニング」というものがある。これはタイヤの接地面の前方だけが水膜で浮き上がるが、後方はまだ接地している状態だ。この状態でも接地面は小さくなるので、その程度によりグリップは大幅に落ちることも考えられる。このことを考えると、ヘビーレインのときの走り方は、ドライ路面のときとは考えを変える必要がある。

　サーキットの路面の水はけは一様でない。雨は一様に降ってもコース上には水膜が薄いところもあれば厚いところもある。水溜まりができることもある。水膜が厚かったり部分的に水溜まりがあるとハイドロプレーニングは起こりやすい。したがって、ハイドロプレーニングが起きそうなヘビーなウェット路面であったら、路面を選んで走行ラインを変えることに躊躇する必要はない。完全ハイドロプレーニングは起きなくても、部分ハイドロプレーニングにより低いグリップレベルしか得られないラインであるかもしれないからだ。ヘビーウェット路面での最速ラインは基本ラインと異なる場合も多いので、ベテランの走りなどを参考に自分で探すことだ。

　どうしても避けられない水溜まりを通過する場合は、ステアリングを直進状態にしてしっかり握り、アクセルをハーフにして通過する。しっかり握るのは特に

タイヤの前部は浮いているが後部は接地している部分ハイドロプレーニングというのもある。この場合もグリップは大幅に落ちるので、基本ラインにこだわらずハイドロプレーニングを起こしにくい走行ラインを選ぶことは大切だ。

片輪だけ水溜まりに入る場合など確実にキックバックがきて、ステアリングを取られるからだ。また、直線的に抜けたつもりでも姿勢が乱れることが多いので、それを予測してすぐに対処できる体勢を取っておく。

なお、いわゆるSタイヤは溝が少なくハイドロプレーニングを起こしやすいが、水膜がないなら、たとえ路面がウェットでもグリップ力は高い。少々のウェット路だったらレギュラータイヤよりSタイヤのほうがグリップは確実に良い。

競り合いと走路妨害

競り合っている2車がコーナーに進入するとき、どこまでが走路妨害かが問題になる。JAFの公認レースなどでは、コース審判員により走路妨害を判定され、後に失格を含むペナルティを課せられる場合がある。

まず、ブレーキングしてからクリッピングポイントへ向かうアプローチ区間での場合、ブレーキングを遅らせてインを取ろうとして接触することがよくある。インを取ろうとする後車は、インインアウトのラインでも確実にクリッピングポイントに付けるようにスピードをコントロールしていなければならない。ただやみくもにブレーキングを遅らせてクリップが取れずにアウトにはらんで外側のクルマに接触するとしたら、明らかに後車が悪い。

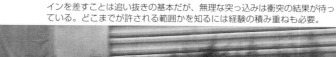
インを差すことは追い抜きの基本だが、無理な突っ込みは衝突の結果が待っている。どこまでが許される範囲かを知るには経験の積み重ねも必要。

前車のほうは、後車がインを狙うほどに接近していたら事前にインに寄って抑えるべきだ。ここで、後車の進路を事前にふさぐのは正当なブロック走法である。しかし、それでも抑えきれずにインに入られた場合は、1車分インを空ける必要がある。ここで無理にインを締めると接触することになる。接触すると、アウト側の自分が損をすることが多い。

　インを抑えたところ、後続車がアウト側に進路を変えることがある。この場合は自分も再びアウトに進路を変えてはいけない。それは走路妨害になる。前車はインにしろアウトにしろ、自分の有利と思われる位置を占める権利がある。したがって、事前にインに寄るのはよいし、複合コーナーやさらに前方の車両の関係でアウトの位置に着けるのもよい。しかし、後車の動きにしたがって、再び後車の前に移動して進路をふさぐのは走路妨害になる。前車が進路を変えられるのは1度だけと考えるとよい。

　立ち上がり区間では、イン側のクルマはたとえ自分のほうがアタマを出していても、アウト側にクルマがいたら、アウトいっぱいまでははらまず、1車分空けておく。イン側のほうが有利だからといって、押し出してはいけない。特にほとんど併走しているのに押し出すとしたら、最悪である。

★1車分空ける意義の大きさ
　「1車分空ける」ということは、勝負の世界では優しすぎると思う人もいるかもし

激しい競り合いの中にも「ライバルの居場所を残しておく」ことが大切。実はそこにこそ競り合いの醍醐味がある。

第5章　実戦的ドライビングテクニック

れない。ビッグレースでは勝敗により大きなお金も動くし、もっと厳しく自分の有利性を追求しているのでは、といった声も聞こえそうだ。しかし、本当のレースの醍醐味はそのような中から出てくるのではない。ライバル同士がコーナーに並んで入ったり、並んで出てくることを想像したら、レースをやる方も、見る方もこれほど素晴らしい感動はないはずだ。そうした競り合いの中で、時には前に出たり、後ろに下がったり、それが真のバトルというものだ。

　このためにはドライバー同士に一定の信頼関係がないと成り立たない。あるトップドライバーも「あいつは絶対に押し出したりしない、という信頼できるドライバーとはホントに良いレースができる」と語っている。それはドライバーだけでなく、観客にとっても喜びであり、勝敗を超えてレース自体を盛り上げることになるのである。

143

第6章
チューニングパーツの知識とセッティング

車両チューニングの順序

　サーキット走行は無改造車両、いわゆるノーマル車両でも充分可能だ。特にサスペンションが硬めのスポーツ性の強いクルマならば、申し分ない。ただ、避けるべきはノーマル車両にSタイヤのような高性能タイヤをはくことだ。タイヤのグリップが上がってもサスペンションがそれについていかず、ロールばかりが大きくなって転倒の危険が大きい。単純に片方向へロールするだけならロール率が多少高くても一気に転倒まで案外行かないが、怖いのは揺れ返しである。

　揺れ返しでは、ロールの運動に慣性力が働くので、バネ上のボディにより大きな力が働き転倒に至りやすい。この揺れ返しはS字コーナーのようなところでは必然的に起こるし、ドライビングミスからスピン回避のためのステア操作でも起こりうる。また、複数台が同時に走るサーキット走行では、接触や衝突を避けるためにイレギュラーのステア操作で揺れ返しが起こる可能性も高い。ノーマル車への高性能タイヤの装着は絶対にやめた方がよい。

第6章 チューニングパーツの知識とセッティング

サーキット走行は無改造のノーマル車両でも充分楽しめるが、サーキットをより快適に、より速く走るためには車両のチューニングがしたくなる。基本的にはブレーキ、サスペンション、駆動系、ボディ、そして最後にエンジンという順番でチューニングするのが常道だ。

　安全装備を施した後のチューニングの順序は、前記のようなノーマル車に高性能タイヤをはくことさえ避ければ、あまりこだわらなくてよい。ただ、一般的にはブレーキ、サスペンション、駆動系、ボディ、エンジンといった順番が普通だ。熱対策など保守の意味のエンジン対策は別として、出力アップのエンジンのチューニングは最後にするのが常道。エンジンのパワーが上がれば誰でも速く走れる。エンジンで速くなるのではなく、まずはドライビングテクニックで速くなることを目指すべきだから。

★ノーマルパーツは大切に保管する

　本格的にサーキット走行を行なうため車両を改造するとなると、基本的にはカーショップに依頼することになる。もちろん、簡単なパーツ交換などは自分で行なった方が安く上がるので、自分の技術と工具揃えとを考えて、自身で行なうのもよい。だが、重要な箇所のチューニングはショップに依頼した方がよいだろう。信頼できるショップかどうかは、走行会仲間の友人、知人から情報を得るのがよい。雑誌の記事や広告も参考になるが、絶対とは言い難いところがあるので、まずは仲間の情報を大切にする。そのためにも、チームやクラブへ入会したり、友人を作っておくべきなのだ。

　ショップを決めたら、予算を提示して事前の打合せをすること。予算の都合では一気に仕上げられないこともあるだろう。そのときは優先順位を決めて、それ

に則ってやる。ショップと相談すれば変な優先順位にはならないはずだ。ただ、あまり小刻みに分けて行なうと作業が非効率で、結果的に工賃が高いものになりかねないことも頭に入れておこう。

パーツを交換してノーマルパーツが手元に残った場合、これは大切に保管しておく。車両を売りに出すときにノーマルに戻す場合もあるし、戻さない場合でもノーマルパーツを付けたほうが高く売れるはずだ。

ブレーキ

◆サーキット走行に求められるパッドの性能

サーキットにおいてはブレーキの重要性はいうまでもない。普通の公道走行と比べたら格段に厳しい条件で使われる。下りの峠道などはブレーキに過酷といわれるが、通常の走行であれば現在のクルマではほとんど問題ない。しかし、サーキット走行のような全開走行ではフルブレーキングの連続となり、ブレーキには非常に過酷である。

サーキットといっても、そのコース形状、規模によりブレーキへの負担は異なってくる。しかし、ブレーキに過酷であることには変わりない。なぜ過酷かといえば、サーキット走行ではブレーキングの繰り返しが多いこと。ブレーキが冷える間もなく次のブレーキングに入るなど、ブレーキが冷える間がない。また、高速サーキットでは150km/h以上のスピードから一気に50km/hぐらいまで減速するといったこともある。これもブレーキが過熱する要因として大きい。

ブレーキは、運動エネルギーを熱エネルギーに変換する装置である。ディスクブレーキでいえば回転するローターをパッドで挟み、その摩擦により運動エネルギーを熱エネルギーに替えているわけだ。大切なのは変換した摩擦熱の放散で、これがパッドの持つ許容量を超えると、いわゆるフェード現象を起こすことになる。フェードという現象は、ブレーキパッドが運動エネルギーを熱エネルギーに変換しきれなくなった状態で、その結果ブレーキが効かなくなる。実際には許容

第6章　チューニングパーツの知識とセッティング

された以上の熱により、パッドの摩擦係数が下がってしまっているのだ。フェードした状態ではいくらブレーキペダルを踏んでも、パッドの摩擦係数が下がっているのでクルマは止まらない。

◆ノーマルパッドとスポーツパッド

★ノーマルパッドは効きだけでなく減りも早い

　サーキット走行でまず替えたいパーツはブレーキパッドである。クルマにとっての3要素は、走る、曲がる、止まるであるといわれるが、よく走ったり、よく曲がる前に、よく止まることが先決だ。その点では、ノーマルパッドはサーキット

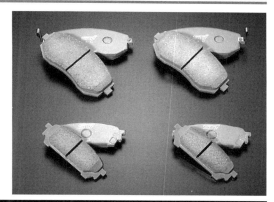

真っ先に交換すべきはブレーキパッドである。スポーツ用パッドは耐フェード性に優れるとともに、耐久性も高い。レース用パッドになると一般公道での必要条件を備えておらず、キーキーといった鳴きが大きいのが常だ。大パワー車では更にキャリパーやローターも大容量のものが用意されているが、これは本格的なチューニングだ。

走行には不十分だ。

　ノーマルパッドは効きの点ではスポーツパッド、あるいはレース用パッドに比べてそれほど劣っているわけではない。しかし、過酷なブレーキングをしたときに違いが現われる。たとえば、冷える間もないブレーキングの連続や、高速から一気に低速まで減速するなどの場合だ。完全なフェードでなくても、フェード気味で効きが悪くなる場合もある。フェード現象が起きるとブレーキパッドばかりでなく、ローターを傷つけたり、時にはキャリパーにまでダメージを与えることになる。

　このように、ノーマルパッドは熱に対しての許容量が小さいのでフェードを起こしやすい。もう一つはノーマルパッドは一般に減りが早いこともある。一般公道走行では数万km持つパッドでも、サーキット走行では1時間の走行すら持たないこともあるのだ。このことからも、サーキット走行を行なう場合は、まずブレーキパッドをスポーツ性の高いものに交換すべきである。

◆パッドの種類

★基材によってパッドの性格が異なる

　ブレーキパッドはその基材の種類により分類されている。かつてはアスベスト（石綿）材がよく使われたが、発ガン性その他健康上の害があることから現在は使われなくなった。ノンアスベストとは文字通りアスベストを含まないという意味でメタル系も含めていう場合もあるが、モータースポーツ界などでは狭い意味で金属を含まないアラミド繊維を基材にしたものをいっている。

　したがって、種類としてはノンアスベスト、セミメタル、フルメタル、カーボンメタルといった分け方が一般的だ。ノンアスベストはタッチが柔らかく、コントロール性が良い。メタル系はタッチが硬くコントロール性もあまり良くなく、ローターを損耗させる「攻撃性」の点でもマイナスだが、効きが非常に良く、耐久性もある。カーボンメタルは耐フェード性が高く耐久性もあるが価格が高いので、本格的なレーシングカーでは採用されているが、走行会やナンバー付きレースのレベルでは考えなくてよい。

第6章　チューニングパーツの知識とセッティング

タイヤの知識

　タイヤはエンジンのパワーを路面に伝えたり、コーナリングフォースを発生させてクルマを曲げたり、動力性能や操縦性を決める重要な役目を持っていることは別項で述べたとおりだ。

　タイヤの性能を決めるのは、タイヤそのものの銘柄、それとサイズである。JAFの公認レースと異なり、サーキット走行会では、タイヤサイズには特別な制約はないが、フェンダーからはみ出すものは基本的に不可である。その範囲の中でいわゆるインチアップは有効である。

　タイヤのサイズはタイヤ側面に必ず表示さ

タイヤはスポーツ性の高いレギュラータイヤを選ぶとよい。Sタイヤより価格も安く持ちも良いので経済的でもある。まずはサイズ等の表示の意味を知ろう。

れている。たとえば、「185/60R14 86V」の表示の場合、185はタイヤの幅をmmで表したもの、60はタイヤの扁平率を%で表したもの、Rはラジアル構造を示し、14がリム径をインチで表したものだ。その後の86はロードインデックスといってタイヤの負荷能力を表し、たとえば86なら530kgというように決められている。最後のVは安全に走れる最高速度を表し、Vであれば240km/hというようになっている。

　タイヤ性能を決める「銘柄」とは、それぞれのブランドそのもので、スポーツ性の高いタイヤとは、振動騒音よりもグリップや操縦安定性に重点を置き、コストの許容もある程度大きめに取ったタイヤであるといえる。

◆公道も走れるとはいえSタイヤは実質競技用！

　ここで、通称Sタイヤと呼ばれるタイヤについて説明しておこう。クローズドサーキットでのレースで使われるタイヤに競技専用タイヤがある。たとえば、スリックタイヤといわれるトレッドパターンのないタイヤは完全に競技専用であ

149

いわゆるSタイヤは公道を走れる法律的要件は備えているが、実質的には競技用タイヤである。グリップ性能は非常に高いが静粛性などは全く無視されている。

る。このタイヤは公道を走るための要件を満たしていないので、公道の走行は許されていない。

これに対し、Sタイヤというのは競技専用タイヤではない。あくまでも一般公道を走ることが許されているタイヤである。ただ、公道を走るための最低要件を備えただけで、使用用途は「競技向け」のものである。登録ナンバー付き車両の競技としては、元々ジムカーナやラリーがあったし、現在はサーキットトライアルやレースも行なわれている。その登録ナンバー付き車両での競技は、走行するところがたとえクローズド（閉鎖）された場所であっても、公道を走るのと同様の条件を持っていなければならない。そのために、供給されているのがSタイヤである。

実際は限りなく競技専用タイヤに近い。性能の点でも、乗り心地や騒音などはほとんど無視され、耐久性も犠牲にしてもっぱらグリップ性能を追求したタイヤである。価格も高めである。そのため、普段の走行や競技場への往復には通常のレギュラータイヤをはき、サーキットでSタイヤにはき替える人が多い。

Sタイヤで公道を走る場合注意しなければならないのは、雨の日のハイドロプレーニングである。トレッド面に占める溝の部分も少ないので、雨量の多いときの高速道路などは注意が必要だ。ただ、コンパウンドは非常にグリップが良いので、多少のウェットでもトレッドがしっかり路面に接地すればグリップ力はかなり高い。競技でも、よほどの大雨でなければSタイヤでいけるのも現実だ。現在このSタイヤはブリヂストン、ダンロップ、ヨコハマ、トーヨーの4社が発売している。

第6章　チューニングパーツの知識とセッティング

◆タイヤセッティング

★やや高めの空気圧が無難

　サーキット走行するにあたり、セッティング上まず悩むのがタイヤの空気圧であろう。空気圧はグリップ性能や操縦性に影響する大きな要素だ。そこで、まず基準にするのはそのクルマのマニュアルに指定してある正規の空気圧だ。それに対してサーキット走行では上げたほうがよいのか下げたほうがよいのかを考える。

　一般的にエア圧を高めるとタイヤ自体のヨレがなくなるので、ステアしたときのレスポンスは良くなる。逆に、エア圧を低めにしたときはタイヤのヨレが大きくなり、ステアリングレスポンスは低下するが、接地面積はやや増えるので、グリップは良くなることも考えられる。もちろん、極端に下げるとグリップの向上より操縦性の悪化のほうが大きいばかりでなく、コーナリング中にタイヤがホイールから外れる場合もありうる。初心者なら、まずは正規の空気圧より10〜20kPa高めにして始めるのがよいだろう。練習の機会があれば、そこでエア圧を変えながら実際に走ってみて、最適な圧を見つけるとよい。

　なお、コーナリングでタイヤがヨレたとき、どのくらいまで接地しているのかを知る方法として、タイヤのトレッドとサイドウォールの境界あたりにチョークでマーキングし、走った後でチョークの消え具合で判断するという方法があるので、覚えておくとよい。

★前後の空気圧でステア特性も変わる

　一般的には慣れてくるほど空気圧は下げ気味にセットする場合が多い。低いほうが流れたときにズルズルとして流れも止まりにくいが、そこはドライビングテクニックでカバーし、絶対的なグリップの高さを重視するからだ。

　コースによって空気圧を下げる場合もある。路面に凹凸、うねりが多いコースなどでは、やはり空気圧は下げたほうがよい。たとえばブレーキング区間に凹凸があった場合、クルマが跳ねてブレーキング距離が伸びるといったこともあるからだ。

　前後のタイヤの関係もある。前後で空気圧を変えることにより、ステア特性も

151

変えられるからだ。たとえば、フロントタイヤの圧を下げ、リヤタイヤの圧を上げればオーバーステア方向になるし、その逆にすればアンダーステアになる。したがって、小さいコーナーが多いミニサーキットなどでは、オーバーステア傾向を強めたセッティングをするとよいし、中高速コーナーが多く、できるだけアクセルを踏んでいきたい場合はアンダーステア傾向にするとよい。このように走るコースによってセッティングを変えるとよい。

★雨の日は空気圧は下げるのがセオリー

　雨の日についてはウェット路面のドライビングの項で説明しているとおり、基本的にはエア圧は下げるのがセオリーになっている。ウェットではただでもクルマの動きがピーキーになるので、タイヤ自身としてはピーキーさの消える方向、つまり下げるほうが扱いやすいので、特に初心者にはお薦めだ。下げ幅は20kPa程度までの範囲で、極端に下げるわけではない。

ホイールの基礎知識

◆購入時はJWLまたはVIAマーク付きを！

　ここでいうホイールはタイヤをはめる輪である。かつてはスチール製が普通であったが、現在は標準で軽合金ホイールが装備されている場合が多い。特にスポーティな車種ではほとんど軽合金ホイールが標準装備だ。ホイールはサーキット走行では単なる見栄えを追求したドレスアップパーツでなく、操縦性や動力性能をもアップさせる重要なパーツである。

　ホイールはJAFのレース競技でも交換

ホイールはバネ下のパーツであり、軽量の軽合金ホイールに交換することは操縦性に大きく貢献する。また、車両重量軽減になるとともに回転に対する慣性抵抗も減るのでエンジンの吹け上がりにも貢献する。

第6章　チューニングパーツの知識とセッティング

を許されているが、スチール製か「JWLおよび／またはVIAマークのある軽合金製」となっている。JWLというのは旧運輸省の定めた耐衝撃度や対疲労度といった品質基準に合致している表示、VIAは旧通産省の品質基準に合致した表示である。JWLはメーカー自身が認定するのに対し、VIAはホイール試験協議会が認定するもので、VIAマークのほうがより厳格な内容とされている。

　ホイールはその構造を構成する部材の数により1ピース、2ピース、3ピースの3種ある。スポーツホイールとしては1ピースと2ピースが多い。製造法としては鋳造と鍛造があるが、鍛造のほうが同じ強度なら軽くできるのでスポーツホイールには鍛造が多い。

　タイヤと同様、ホイールもその寸法表示を知っておくことが大切だ。ホイールの寸法は、たとえば「14×6.5-JJ 4-114.3 23」といった表示になる。14はリム径で、はめ込むタイヤのインチ数に合わせる。6.5-JJの6.5はリム幅でJJはタイヤがはまるフランジという耳の部分の形状を表している。4-114.3はボルトの穴の数とPCDである。PCDはホイールの中心からボルト穴までの寸法を表す数値で、直径で表される。4穴であれば対角線上にある2つの穴の距離になる。23はオフセット量である。オフセット量というのは、ホイールのハブへの取り付け面が、ホイール幅の中心にあるのをゼロとし、それより外側にずらした場合をプラス、内側にずらした場合をマイナスとして、その距離をmmで表したものだ。

◆ホイール交換の効果

★バネ下重量軽減の大きな意味

　ホイールを交換する意味は、ホイールの軽量化にある。ホイールはいわゆるバネ下のパーツであり、バネ下重量が軽くなることは、路面に対しての追従性、ロードホールディングが増すので操縦性に寄与する。ホイールの動きはバネを介して車体に力を伝えるが、ホイールが軽ければ車体側への影響も少なくなる。

　ホイールが軽量化されるということは、それだけ車両が軽量化されるということであり、当然加速性能は良くなるし、ブレーキ性能にも好影響を及ぼす。そればかりではない。回転するパーツの質量が減るということは、エンジンが回ろう

153

とするのに抗する力を弱めることになり、回転の上がり、すなわちアクセルレスポンスも良くなるのだ。これらの意味から、軽量なホイールへの交換は速く走るための有効な手段である。

　交換に際しては、まずタイヤに合ったサイズにすることだ。タイヤのサイズアップが許されているので、タイヤサイズを変更した場合は、それに合わせてホイールを変更する。リム径は合わせないとタイヤがはまらないが、リム幅はある程度大きめでも小さめでもはまる。ただ、タイヤの横剛性の点からいうとホイール幅は広めのほうが横剛性は高くなるので、やや広めとする場合が多い。

　ボルト穴は、乗用車ではたいてい4穴か5穴かのどちらかである。軽量車は4穴、車重が重くなると5穴というのが普通だ。また、オフセットについては、オフセット寸法を小さくするとホイールは外側に移動し、限度を超えればフェンダーからはみ出てしまう。逆にオフセットを大きくするとタイヤは内側に入り、ブレーキやサスペンション等と干渉してしまう。ボルト穴数、PCD、そしてオフセットはそのクルマ固有のものだから、自分のクルマの数値を把握しておき、ホイール交換時にはそれに合わせる。

ホイールアライメント

◆トーインは本来キャンバーの補正のために

　トーイン、キャンバー、キャスター、キングピン角度の4つからなっているホイールアライメントは、クルマが適正に走行するために必要な要素である。これが狂っていると本来の正しい操縦性が得られない。

　ホイールアライメントの要素を簡単に説明しよう。

　まずトーインは車両を上から見て、左右のタイヤが進行方向に対して内側を向いている状態である。逆に左右のタイヤが外側を向いていれば、トーアウトという。

　キャンバーは車両を前から見たときのタイヤの傾き角のことで、左右タイヤが「逆ハの字」になっている状態が＋（ポジティブ）キャンバーで、「ハの字」であれば

第6章　チューニングパーツの知識とセッティング

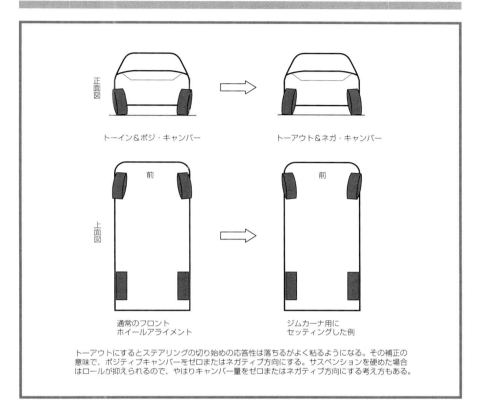

トーアウトにするとステアリングの切り始めの応答性は落ちるがよく粘るようになる。その補正の意味で、ポジティブキャンバーをゼロまたはネガティブ方向にする。サスペンションを硬めた場合はロールが抑えられるので、やはりキャンバー量をゼロまたはネガティブ方向にする考え方もある。

－(ネガティブ)キャンバー(いわゆる逆キャンバー)である。

　キャンバーはサスペンションのジオメトリーにもよるが、通常はサスペンションに荷重が掛かるとキャンバーはネガティブ側に変化する(等長ダブルウィッシュボーンの場合のように変化しない場合もある)。つまり、コーナリングすると荷重の掛かる外側のタイヤは－キャンバーの方向に変わるので、そのような場面で適正なキャンバー角を得ようとして、予め＋キャンバーを付けているのだ。しかし、直進時にタイヤが傾いているとタイヤは傾いた方向に曲がっていこうとする性質がある。＋キャンバーならばタイヤは外側に行こうとする。それをまっすぐ進むようタイヤを内側に向けて補正してるのがトーインというわけだ。そもそもトーインとキャンバーはこのような関係にある。

155

◆キングピン軸の概念

キングピン角度は車両を前から見たときの傾き（内側への倒れ角）で、これを付けないと駆動時やブレーキング時にキングピン軸周りにモーメント（回転しようとする力）が働いて、ステアリングにショックが伝わり乱される。キャスターは車両を横から見たときのキングピン軸の傾き（後方への倒れ角）である。この軸の延長線がタイヤの接地面より前方にあると、タイヤの接地面の抵抗により直進性が得られる。これはショッピングカートなどのキャスターと同様の原理である。

なお、キングピンというのは操舵される車輪の回転軸となるパーツだが、サスペンションの発達で現在の自動車には事実上存在しない。ただ、操舵輪の回転軸というのは存在するわけで、ダブルウィッシュボーン式サスペンションでは上下ボールジョイントを結ぶ線になるし、ストラット式の場合はストラットの上部取り付け部と、ロアアームのボールジョイントを結ぶ線になる。この線の傾きをもって、キングピン角度とキャスター角を表わしている。

◆アライメント調整

★操縦性のための積極的トー調整

キャンバー角の調整が標準で調節可能なクルマはあまりないが、たとえばストラット式であればストラット上部取り付け位置を可変にすれば、キャンバーをはじめキャスター、キングピン角度も調節が可能になる。ただし、JAFの登録番号標付きレース車両ではその改造は許されていない。ただ、ストラットの取り付け部の穴のガタ分だけでも若干はキャンバーが変化することがある。

タイヤは常に路面に直角に接地しているのが理想だ。ただサスペンションが硬いとキャンバー変化が少なく、その点を考えて初期のキャンバーを調節する。－キャンバーのほうが一般に踏ん張りが良いとされるが、程度問題である。

トーイン、トーアウトは少なくとも前輪では必ず調整が可能であるし、後輪も調整可能な車両がある。本来、このトー調整はキャンバーの補正の意味から付けられているもので、メーカーの基準値があるが、サーキット走行用セッティング

では操縦性の面から積極的な意味で調整されることもある。

★リヤのトーアウトで曲がりやすく

前輪にトーインが付いていると、ステアリングを切り込んだ場合、荷重が掛かって操舵の主役となるアウト側タイヤは、最初からトーインによる角度が付いているので、それだけ早くコーナリングフォースが発生し、グリップ力も高くなる。つまり、ステアリングレスポンスが良くなる。逆にトーアウトにすると、切り込んでも外側タイヤは切り込み方向を向くのに遅れ気味になり、レスポンスは鈍くなる。

ただ、切り込み角が大きくなった場合、トーインのほうが先に最大グリップの角度に達するので、グリップ限界を超えてアンダーステアが出やすくなる。トーアウトの場合は踏ん張ってくれるわけだ。しかし、いずれにしろ前輪のトー角度の調整はそう大きなものではなく、0～±5mm程度の範囲で考える話だ。

後輪の場合はトーインにするとリヤが粘るようになり、トーアウトにするとテールが出やすくなる。したがって、小さなコーナーの多いミニサーキットでは、特にFF車の場合リヤをトーアウトにする例もある。ただし、テールが出やすくなる代わりに直進性は悪くなる。ミニサーキットでは問題なくても、雨の高速道路などでは安定感が落ちることを覚悟した方がよい。

LSD(リミテッドスリップデフ)の知識

◆すばらしきデフの機能とその弱点

LSD(リミテッドスリップデフ＝差動制限装置)は、モータースポーツでは非常に重要なパーツだ。特にミニサーキットのように小さなコーナーを走る場合は、その有無がタイムに大きな差をつける。コースが小さいほど、パワーが大きいほどLSDの必要性は高い。

最近は市販車でも最初からLSDを装着した車種もある。それらはたいていがビスカス式であったりヘリカル式、あるいはトルセン式である。走行会レベルならこれ

157

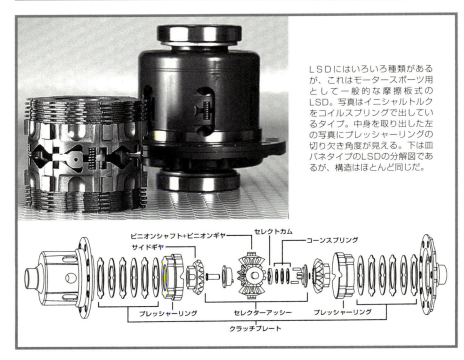

LSDにはいろいろ種類があるが、これはモータースポーツ用として一般的な摩擦板式のLSD。写真はイニシャルトルクをコイルスプリングで出しているタイプ。中身を取り出した左の写真にプレッシャーリングの切り欠き角度が見える。下は皿バネタイプのLSDの分解図であるが、構造はほとんど同じだ。

ら標準LSDでもかなり有用である。しかし、走りを本格的に極めたい、レーステクニックを身に付けたいのであれば、やはり競技用のLSDを装着する必要がある。

　LSDはスポーツ走行では非常に重要なパーツであるので、すこし詳しく説明していこう。まず、なぜLSDが必要かということだが、それには普通のディファレンシャルギヤをまず理解しなければならない。

　クルマがカーブを曲がるとき、内側の車輪と外側の車輪とでは走る距離が異なる。そのために左右の車輪を棒で直結してしまうと、スムーズに曲がらない。曲げようとすれば車輪がスリップするなど、どこかで無理を吸収しなければならない。これでは抵抗にもなるしタイヤも無駄な摩耗をしてしまう。そこで考えられたのが通常のディファレンシャルギヤで、これは見事にこの問題を解決してくれた。

　ところが、困った面も出てきた。片輪が溝に落ちたり、ぬかるみに入ったりしたとき、その車輪は空転してしまい、もう片方の車輪にトルクが掛からず動けな

158

第6章　チューニングパーツの知識とセッティング

くなってしまうのだ。それはモータースポーツの場面では、コーナリング時に荷重の軽くなった内側の駆動輪が空転してしまい、トルクが掛からないという現象として見られる。「のれんに腕押し」の状態で、正常に接地している車輪にもトルクが伝わらないからだ。

◆デフの働きに制限を加えるLSD

タイムを競うモータースポーツでは、コーナーはできるだけ速く立ち上がりたいわけだが、もしLSDがなかったら、コーナーの立ち上がりでアクセルを踏んでも内側の車輪が空転するだけで、外側の車輪にはトルクが伝わらない。ドライバーにとってはエンジンが空吹かし状態になるだけで、力が路面に伝わらない。なぜなら、まだコーナリング中のため、内側車輪に掛かる荷重は小さく、浮き気味になっており、大きなトルクを掛けると簡単に空転してしまうからだ。

そこで、このような場合にはデフの機能である差動を制限しようというのが、差動制限装置すなわちLSDというわけだ。デフを無くして直結にしたのでは、差動が必要な通常のカーブの走行に支障を来たすので、あくまでも「制限」として、走行条件にある程度対応できるようにしたものだ。つまり、日常の穏やかな走行ではほとんどLSDが効かずに、スムーズに交差点を曲がることも車庫入れをすることもできるが、ひとたび大きなパワーを掛けたらLSDが作動する、といったものだ。

実は、先に説明したようにLSDにはいろいろな方式がある。オイルの剪断力を利用したビスカス式やギヤの摩擦力を利用したヘリカル式や、その一種でもあるトルセン式等は量産車にも標準で装備されたりしている。だが、スポーツ用、特に競技用となると、やはり摩擦板式LSDになる。競技でしっかりLSDを効かすためには、この方式が最も適しているからだ。

なお、なぜかこの世界では機械式というと通常摩擦板式のLSDを指すようだが、ヘリカル式はもちろんビスカス式でも機械式と言えるので、本来は正しい使い方ではない。

ともあれ、スポーツ用LSDは摩擦板(クラッチプレートとかフリクションプレー

159

トと呼ばれる)式なので、この方式について説明していこう。

◆摩擦板式LSDの作動原理

★プレッシャーリングのカム角度がLSD作動の原点

　まず基本的な作動原理だが、通常のデフではサイドギヤがデフケースとはフリーの状態になっている。したがって、ピニオンギヤを介して左右に回転差ができても、問題なく差動装置として働く。ここで、左右のサイドギヤがデフケースと一体になったらどうなるかといえば、左右がデフケースを介して直結になり、いわゆるデフロックの状態になる。

　これを行なうのがLSDで、サイドギヤとデフケースをつなぐ役目をする。実際にはピニオンギヤの公転と一体になって回転しているプレッシャーリングが、クラッチプレートを間に介してデフケースに押し付けることにより、左右のサイドギヤはデフケースを介して直結状態になる。正確にいうと摩擦板式では完全な直結ではないが、それに近い状態になるわけだ。

　では、どのようにしてプレッシャーリングを押し付けるかだが、これを行なうのがプレッシャーリングの切り欠き(カム)とピニオンシャフトの組み合わせである。荷重が掛かっていないときには特にカムに作用しないピニオンシャフトが、荷重を掛けると左右のプレッシャーリングを押し開くように作用する。これがLSDの圧着力として働くわけである。

　たとえば、定速走行しているときにはエンジンの駆動力と抵抗力がバランスしていてLSDは働かないが、加速して駆動系に荷重が掛かるとピニオンシャフトがプレッシャーリングを押し開き、LSDが効きだす。

★前進と後退でLSDの効きを変える

　ところで、そもそも軍用車に必要な装置として生まれたLSDであるから、前進はもちろん後退でも効くように、ピニオンシャフトがはまるカムは前後両方向にテーパーが付いている。しかし、スポーツユースでは、これが逆目に出る場合がある。たとえばコーナーへアクセルオフで進入しようとしたとき、エンジンブレーキが掛かるのでLSDが作動し、直進性が強まる、すなわちアンダーステアが

第6章　チューニングパーツの知識とセッティング

出てしまうのだ。

　そこで考えられたのが1ウェイという、前進時のみに作動するLSDだ。つまり、前側は角度が付けられているが、後ろ側は角度ゼロとし、アクセルオフでは作動しないものだ。通常のものを2ウェイというが、1.5ウェイというのもある。これは1ウェイのようにアクセルオフで全く効かないのではなく、若干は効かせようとしてわずかな角度を持たせたものだ。もっとも、1ウェイはあるメーカーの特許品であるため、それを避ける意味で角度を付けている側面もある。

　いずれにしろ、このようにプレッシャーリングのカム角度はクラッチプレートの圧着力に直接影響する。角度が浅ければ圧着力は弱いし、深ければ強い。前進用で標準的な目安は45度程度で、これより浅い35度から、70度といった効きが強いものまで市場にはある。

◆LSDのセッティング

★イニシャルトルクの誤解

　LSDの作動は基本的にピニオンシャフトがプレッシャーリングを押し付けることにより行なわれるが、実はそれ以外に事前にある程度押し付けている力がある。これがイニシャルトルクというものだ。なぜイニシャルトルクを設けるかというと、これがないと、効き始めが唐突になりがちになるからだ。これにより弱めのアクセルでも安定した効きが得られるようになっている。

　通常はコーンスプリング、すなわち皿バネを組み込んでクラッチプレートを押し付けているが、プレッシャーリング間にコイルバネを挟んで、そのバネ力でイニシャルトルクを得ているものもある。

　LSDのセッティングというと、まずイニシャルトルクの設定がある。かつてジムカーナの世界では非常に高いイニシャルが使われたりもしたが、最近はだいぶ低いところに落ち着いてきているようだ。そもそも、イニシャルトルクについては誤解されている面もあるので、説明しておこう。

　イニシャルトルクを強くすると、全体の効きが高まるように思っている人がいるかもしれないが、実はイニシャルトルクの効きは、通常の効きにプラスされる

161

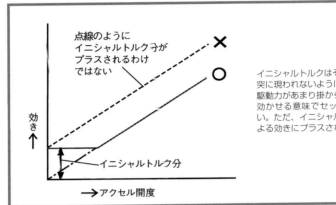

イニシャルトルクはそもそもLSDの効きが唐突に現れないようにするためのものだが、駆動力があまり掛からない領域でもある程度効かせる意味でセッティングすることも多い。ただ、イニシャルトルクは通常のカムによる効きにプラスされるものではない。

のではない。イニシャル以上のトルクが掛かったら、もうイニシャルは関係なくなるのである。要するに、イニシャルトルクは図のように初期の効きを一定に作って安定させておき、アクセルによる効き始めを滑らかにするものなのだ。駆動力がごく弱い段階では、グラフどおりのような効き方が期待できず、唐突に効きだしたりしがちだからだ。

★原点は「LSDは曲がりにくくするもの」

ところで、普通のデフは曲がるためにあるが、LSDはその機能を制限するのであるから、「LSDは曲がりにくくするものである」とまず認識するとよいだろう。したがって、フロントの場合はアクセルオフ時にも効く2ウェイでは、アンダーステアが強くなって、曲がらないクルマになってしまう。そこで、大抵フロントは1ウェイとか1.5ウェイといわれるものが使われている。ここで、イニシャルトルクが大きいと、アクセルオフでもLSDが効いているので、アンダーステア傾向になりがちだ。

リヤは1ウェイまたは2ウェイが選ばれる。リヤの場合は直進性が強くても、フロントが回頭していればクルマとしては曲がる（自転する）方向に働くから、2ウェイでもよいし、ワンウェイでイニシャルを効かす考えもある。足周りのセッティングとも関係して操縦性が決まるので、どの程度がよいかは一概には言えないし、好みにもよる。

第6章　チューニングパーツの知識とセッティング

★カム角度と摩擦板の数で効きが変わる

　このほか、LSDのセッティングで選択の余地があるのが、プレッシャーリング
のカム角度である。最初から1ウェイと2ウェイの2つのカムを有しているものや、
異なる2種類のカム角度を有していて、組み方でどちらかを選択できるようなもの
もある。最初の設定をオーバーホール時に変えてみたりできるわけだ。

　クラッチプレートはサイドギヤのシャフト側にはめられる内ツメプレートと、
デフケース側にはめられる外ツメプレートがあり、通常は交互に組み合わされて
いるが、これを一部交互でなくすると、枚数が減ったのと同じ効果になり、効き
を弱くすることができる。これもひとつのセッティング方法である。

★LSDを長持ちさせるドライビング法

　最後に、LSDに優しいドライビングについて。最近は耐久性が増したとはいえ、
LSDを使えばクラッチプレートが摩耗してくるのは当然。しかし、ドライビング
テクニック次第でLSDに掛かる負担も大きく違ってくる。つまりハンドルの切り
角が大きいほど、そして掛けるパワーが大きいほど、クラッチプレートには負担
が掛かる。

　したがって、たとえばFF車で、荷重移動がうまくできずにアンダーステアを出
し、大きくハンドルを切ってLSDに頼ってアクセルを踏んで立ち上がっていくの
と、うまく姿勢変化をおこしてアンダーステアを出さず、ハンドルの切り角を最
小にして立ち上がるのでは、LSDに掛かる負担が大きく違うのである。LSDを酷使
していると次第にすべりが生じて効きが悪くなる。そのまま使い続けると、すべ
りがさらに摩耗を促進し、やがてほとんど効かなくなってしまう。ドライビング
テクニックのうまい人ほど、LSDへの負担が少なく、オーバーホール時期も延ば
せるのだ。

サスペンションの役割

　足回り、すなわちサスペンションの主な役割は、乗り心地を良くすることと、
操縦性を良くすることだ。これはサスペンションのないクルマを考えてみればよ

163

く分かる。路面の凹凸による衝撃がボディに直接伝わってきて乗り心地は悪く、ボディ自体も傷みやすい。また、路面の凹凸で跳ねてしまうので、車輪の路面に対する追従性、いわゆるロードホールディングが悪く、操縦性も悪い。車輪が跳ねている間は駆動力も伝わらない。

　一般に足回りは軟らかい方が乗り心地が良い。しかし、操縦性のほうは硬い方が良くなる。もちろん両者とも極端すぎれば性能はかえって低下するが、基本的には乗り心地と操縦性は相反する関係にある。一般市販車は、乗り心地と操縦性のバランスを最大公約数的、すなわち万人向けに設定している。

　これは、逆に言えば個人の志向で乗り心地よりも操縦性をより重視したものに改良する余地があることを意味している。その最高峰はツーリングカーレース車両になるが、そこまで極端でなくても、走行会でサーキット走行をするのであれば、自分の好みで操縦性を変えることは可能であり、意味あることである。

　足回りが難しいのは、走行中のクルマでは4つのタイヤの接地状態が一定ではないことだ。ステアリングを切れば左右のタイヤに荷重変化が起こるし、ブレーキを掛ければ前後のタイヤに荷重変化が起こる。それらにつれて4つのタイヤの接地状態も変わる。

　タイヤのグリップは、基本的にタイヤと路面の接地状態で決まる。ホイールアライメントの変化の問題もあるが、最も大きいのはタイヤと路面の接地圧の変化だ。すなわち、接地圧が大きければグリップが増し、小さければグリップが減る。基本的には接地圧とグリップは比例関係にある。極端な場合、タイヤが浮いてしまえばグリップ力はゼロだ。クルマの操縦性は、各タイヤの瞬間瞬間のグリップ力のバランスで決まる。

　このタイヤの荷重変化は瞬時に起こるわけではない。ボディとタイヤ間にサスペンションが介在するので、タイムラグがある。このタイムラグの大小を含めて、スプリングの動きをコントロールすることにより、各タイヤへの接地圧を変化させ、より良い操縦性を得るのがサスペンションの役割だ。

　たとえば、スプリングに力を加えて押していったとき、通常は押す力に比例してバネは縮んでいく。だが、最初は大きく縮むものの力を増していくに従って縮

第6章　チューニングパーツの知識とセッティング

一般市販車のサスペンションは乗り心地と操縦性のバランスを最大公約数的に決められた万人向けの味付けになっている。それだけに操縦性重視のサスペンションにチューニングする余地は大いにある。左がフロント用、右がリヤ用ショックアブソーバーとスプリング。

み方が小さくなる、といった設定も考えられる。また同じ力でも、ゆっくり押すか速く押すかでスプリングの縮み方に違いを付けるといったことも考えられる。

　このように、足回りに掛かる複雑な荷重変化に対応し、スプリング、ショックアブソーバー、スタビライザー、あるいはブッシュなどが動きを細かくコントロールする。その結果、各タイヤのグリップもコントロールされ、より高い運動性能や、好みの操縦性を得る。これが足回りのチューニングである。

各パーツのチューン

■スプリング

　足回りというと、メカニズムの複雑さからショックアブソーバーを第一に考えるかもしれないが、まず要になるのはスプリングである。

　硬いスプリングは乗り心地がゴツゴツしたものになる代わりに、ステアしたときのロールを小さく抑えることができる。ブレーキング時のノーズダイブや

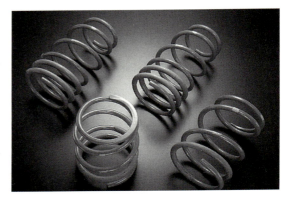

スプリングはサスペンションの要で、操縦性に最も影響を与えるパーツである。サスペンションの硬さはバネ常数で決まるが、押す力に対して縮み方が一直線では変化しない非線形スプリングなど、種類もいろいろある。

加速時のスクォートも抑えられる。結果的に荷重移動が素早くなり、キビキビした走りを可能にする。

　スプリングの硬さはバネ常数で表わされるが、これはコイルの線径、外径、巻き数の三つの要素で決まる。押す力に対して縮み方が比例しているものは「線形」スプリングというが、グラフで表わすと直線的になる。この線形スプリングに対し、押す力と縮み方が一直線でない「非線形」スプリングも多数使われている。たとえば、上下で外径の異なるテーパースプリングや、上方と下方で巻き数が異なる不等ピッチスプリングなどだ。これら変形スプリングは、最初は軟らかいが押し付ける力を増していくと硬くなるような性質のスプリングだ。

　硬いスプリングにした場合、サスペンションが伸びきったときにスプリングが遊んでしまうことがある。その遊びをなくす目的で、ヘルパースプリングと呼ばれる極軟らかいスプリングを重ねて使うタイプもある。これをもう少し硬めにしてスプリングとしての機能をも持たせたものを、テンダースプリングといって区別する場合もある。いずれもバネ常数は一定値ではなく、より細やかなセッティ

第6章　チューニングパーツの知識とセッティング

ングを可能にする。

■ショックアブソーバー

　ショックアブソーバーは、スプリングだけではなかなか収まらない揺れを強制的に抑える減衰の役目を持つ。減衰させる力、減衰力は揺れを抑えるだけでなく、伸縮の過渡的な状態でサスペンションの硬さを変えることになり、操縦性に大きな影響を持つ。

　ショックアブソーバーのほとんどは筒型の油圧式で、この原理はよく水鉄砲にたとえられる。つまり、オイルが小さな穴（オリフィスまたはバルブ）を通るときに生ずる抵抗力を減衰力として利用しているわけだ。この減衰力は、揺れの速度、すなわちピストンス

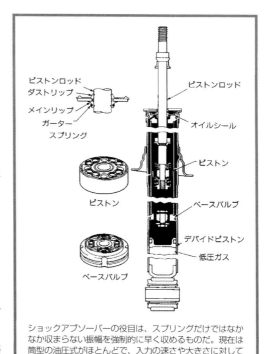

ショックアブソーバーの役目は、スプリングだけではなかなか収まらない振幅を強制的に早く収めるものだ。現在は筒型の油圧式がほとんどで、入力の速さや大きさに対して理想的な働きをするよう複雑な構造を持っている。

ピードが遅いときは小さく、速いときは大きくなる。ただ、それぞれバルブに工夫を凝らしているので、単純な比例関係にはない。

　このピストンスピードに対する減衰力の大きさをグラフにしたものが、減衰力曲線で、伸び側と縮み側の2本の線で表わされる。これはショックアブソーバーの特性を示すものだ。

種類
★単筒式と複筒式
　ショックアブソーバーの種類としては単筒式と複筒式がある。単筒式ではオリフィスはピストンに設けられており、押されたオイルはピストンの反対側の部屋

167

に流れ込んでくる。単筒式は構造が簡単で、ケースが直接外気に触れるので冷却性が高い。また、フリーピストンを間に介して高圧のガスが底部に封入されているので、乗り心地がやや硬めになる。

　複筒式ではオリフィスはピストンのほか内筒の底にも設けられており、押されたオイルは外筒にも流れる。底部にもバルブがあるので、細かな減衰力調整が可能だが、二重構造なので放熱性は劣る。乗り心地は低圧ガスなので比較的マイル

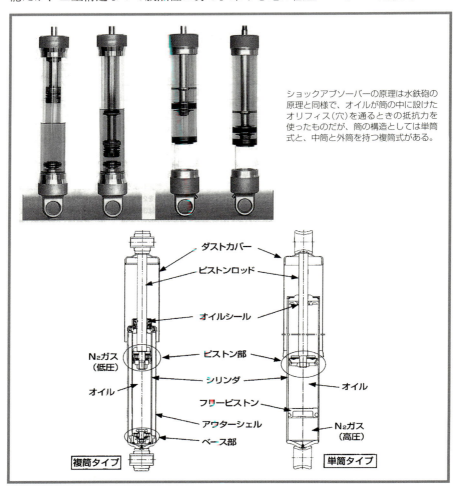

ショックアブソーバーの原理は水鉄砲の原理と同様で、オイルが筒の中に設けたオリフィス（穴）を通るときの抵抗力を使ったものだが、筒の構造としては単筒式と、中筒と外筒を持つ複筒式がある。

168

ドである。

ピストンが押されてオイルが下部から上部に流れるとき、押し込まれたピストンロッドの分だけ部屋が狭くなっているので、その分をどこかで吸収しなければならない。そのために、単筒式では下部はフリーピストンで区切ってその下にガスを封入している。このガスは加圧されており、オイルに気泡が混ざらないように常に圧力をかけている。複筒式では外側のケースにガスを封入している。

★別タンク式、減衰力調整式

ショックアブソーバーは激しく使うと熱を持つ。あまり高温になると、オイルの性質が劣化し、キャビテーション（液体の中に空洞ができる現象）が発生して機能が失われる。そのため、単筒式の半分を切り離して別にタンクを設置した「別タンク式」もある。オイル量を増やせるので熱に強く、ホースで別タンクとつなぐタイプでは配置の自由度が高い。

単筒式で通常とは上下を逆にして取り付ける「倒立型」というのもある。このタイプは横向きの力をケース側で支えるため横剛性が強いほか、ピストンロッド側がサスペンションにつながるので、バネ下重量が軽くなるという長所もある。

上部のネジによりオリフィスの大きさを選んで減衰力を何段階か調整できる「減衰力調整式」もある。これは手軽にセッティングできるので便利だ。

★車高調が万能ではない！

別の分類としては、純正タイプと車高調整式いわゆる車高調に分かれる。サスペンションの動きは円弧を描くが、ショックアブソーバーの動きは上

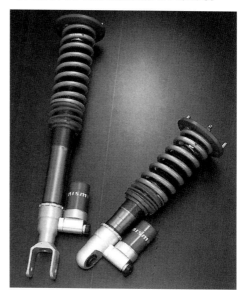

オイルの抵抗がショックを吸収するわけだが、エネルギーとしてみると、運動エネルギーを熱エネルギーに変換していることになる。オイル量が少ないと高温になったオイルは性能を劣化させ機能を発揮できなくなるのでオイル量を増やすためタンクを別にも設けた別タンク式もある。

169

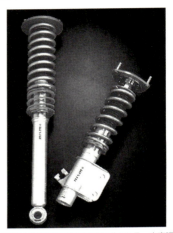

スプリングとショックアブソーバーの組み合わせでは純正タイプ(左写真)と車高調整式(右写真)に分かれる。車高調というと純正タイプより上級のイメージを持つかもしれないが、純正タイプのほうが力の掛かり方はスムーズだ。

下。そのままではスプリングは斜めに押されることになり、その力がショックアブソーバーを曲げるように働く。そのため、純正タイプストラットではスプリングをオフセットして取り付けており、そのような力が働かずスムーズに作動する利点がある。車高調の場合はショックとスプリングが平行に付いているので、サスペンションの動きに対してショックに曲げようとする力が働く。車高調というと純正タイプより上級のイメージを持つかもしれないが、この点では純正タイプが車高調に勝る。

減衰力曲線
★ショックの特性は減衰力曲線で表わされる

　ショックアブソーバーの減衰力はピストンを押す速さで異なることは説明した。そのため、そのショックの性格を表すのはひとつの数値ではなく、減衰力曲線というグラフによって表される。これは横軸にピストンスピード、縦軸に減衰力を取り、減衰力ゼロの線を基準に伸び側と縮み側の上下2本の線で表される。どのくらいのピストンスピードでどのくらいの減衰力を出すかを示し、このグラフにより、それぞれのショックアブソーバーの性格を知ることができる。

　全体的には縮み側より伸び側減衰力を高くしているのが普通だ。サーキット走

行ではコーナリングなどの微低速域での特性も大切で、ショックアブソーバーメーカーはそのような領域できっちり減衰力が出るように工夫している。

セッティング
★柔らかいと粘るが限度を超えると……

ショックアブソーバーの役割は、スプリングだけだと上下動がなかなか収まらないので、それを早く収束させるものだと言った。これを操縦性の面から見ると、ロールするスピードをコントロールするものだとも言える。たとえば、コーナーでステアしたとき、ショックアブソーバーの減衰力が弱ければ、すぐにスプリングの硬さで規制

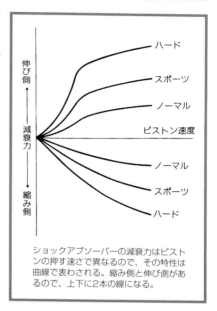

ショックアブソーバーの減衰力はピストンの押す速さで異なるので、その特性は曲線で表わされる。縮み側と伸び側があるので、上下に2本の線になる。

されるところまでロールするが、ショックが強ければロールはすぐには進まない。だが、横Gを掛け続けていると次第にロールは進み、スプリングの硬さで規制されるところまでロールする。ロールが戻るときも同様だ。ショックアブソーバーの伸び側の減衰力が強いと、ロールした姿勢からの戻りが遅く、減衰力が弱ければ戻りが速い。

実際のセッティング上の原則は、ショックアブソーバーは硬すぎると滑りやすくなり、柔らかくすると粘るが限度を超えるとやはり滑るようになる。結局、硬すぎず柔らかすぎずというところにベストなところがあるので、それを探すのがセッティングということになる。

★前後の関係でステア特性も変わる

それと、考えるのは前後および左右の関係だ。たとえば、フロントだけを硬くしていくとフロントは粘らず滑りやすくなるためアンダーステア傾向になる。逆にフロントを柔らかくしすぎるとすぐに外側タイヤがフルバンプ状態となり、それ以上ロールしなくなる。そうなるとタイヤは粘らずに滑り出し、アンダー傾向

になる。そこで、外側はある程度ロールさせるが、それにともなって内側タイヤが浮き上がってしまうのも良くないので、伸び側の減衰力を高めに設定してリフトを抑えるのが普通だ。

リヤだけ硬くしていくと、リヤタイヤが先に限界を超えてオーバーステア傾向になる。もちろん、柔らかすぎても滑り出しが早くオーバーステアになってしまうので、フロントとの関係も考えながら良いところを探す。

なお、タイヤのグリップ性能でロールの限界は大きく変わるので、それに合わせたセッティングが必要なのは言うまでもない。特に、レギュラータイヤか競技用のSタイヤかでは大きな違いがある。

■スタビライザー

クルマにはスプリングが付いているので、コーナリングするとロール（車体の傾斜）が発生する。乗り心地を重視してスプリングを軟らかくすると、このロールの度合いが大きくなる。ロールが大き過ぎると荷重移動のタイムラグも大きくなり、不安定感が増す。また、過度な荷重が一気に外側タイヤに掛かり、トータルとしてのグリップやトラクションが低下したりする。ある程度のロールは許されるが、過度のロールは弊害が出る。

スタビライザーは安定器という広い意味を持つが、サスペンションでは「車体傾斜制御器」としてロールを抑える働きをする。構造は「コ」の字形の棒の中央をブッシュを介してボディ側で支持し、両端をサスペンションアームに固定するようになっている。これがトーションバー（ねじり棒）式のスタビライザーで、構造が簡単なため、ほとんどのクルマがこの方式を採用している。なお、前輪側にはほぼ必ずスタビライザーを装備するが、後輪側にも装備しているかどうかは車種によりいろいろだ。

クルマはコーナーでは外輪側のスプリングが縮んで内輪側が伸び、車体はロールする。このときスタビライザーの端がサスペンションアームと連結しているので、左右で逆の動きをする。その結果、スタビライザーの中央部はねじられることになる。このねじりに対する反発力が、ロールを抑えることになる。

第6章 チューニングパーツの知識とセッティング

　スタビライザーはロールに対して抵抗する形で働くので、サスペンションが硬くなったように感じるが、スプリングを強くした場合と違って、ブレーキングのように左右のサスペンションが同様に縮むときには働かない。

　スタビライザーの効きは、材質が同じであれば太いほど強い。また、折れ曲がり部分からアームとの結合部分までの長さ（コの字の上下の横棒の長さ）が短いほど、効きは強い。通常、スポーツパーツとしての強化品は太いものが用意されており、交換によりその強さをセッティングする。ただ、スタビライザーはただ強くすれば良いというものではない。強くするということはタイヤの動きを規制するものであり、程度を過ぎれば接地性が悪くなる。

　フロントのスタビライザーを強くするとロール剛性が上がるので、ステアに対してのレスポンスは上がる。しかし、その分操縦性はシビアになる。強くしすぎるとアンダーステアが出て曲がりにくくなる。リヤのスタビライザーを強化すると、その反対にテールが出やすくなる。小さなコーナーでは走りやすくなるが、高速コーナーでは粘りがなくなってくる。

　いずれにしろ、セッティングはスタビライザー単独でなく、スプリング、ショックアブソーバーとともに総合的に考えて行なわなければならない。なお、スタビライザーを単体で見ると複雑な形状をしていることが多いが、これは他の

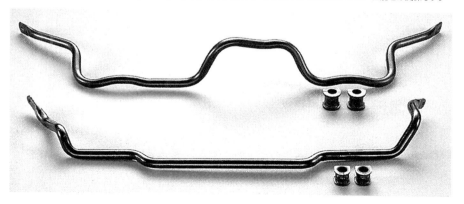

スタビライザーの効きは材質が同じならば太いほど強い。また、支持部分からアームとの結合部までの前後長さが短いほど強い。なお、複雑な形状をしているのは車体や他のパーツとの干渉を避けるためで、性能とは関係ない。

パーツと干渉しないための逃げであり、性能には関係がない。

■ブッシュ

ブッシュは、金属製の外筒と内筒の間にゴムを入れて結合したもので、通常サスペンションのアームやリンク、ロッドなどのピボット部に使われている。これはアームの回転方向の動きを可能にするためと、路面からの衝撃力を吸収するためにある。前後方向の許容はコンプライアンスというが、わずかではあるものの、なぜ前後方向にコンプライアンスを設けるかというと、路面の継ぎ目などのコン、コンといった小さい衝撃を逃がすためで、不快な騒音がボディに伝わるのを防いでいる。

ブッシュを硬いものに交換することはサスペンションを硬くするのと同様の効果がある。乗り心地や振動騒音の点ではマイナスだが、操縦性はキビキビとしてダイレクト感が出る。

ブッシュは衝撃をある程度吸収してくれるので、乗り心地や振動騒音の点では良いのだが、操縦性の点では柔軟性が裏目に出る。ステアリングにダイレクトに反応したキビキビした走りを追求するなら、ブッシュも硬くしたほうがよい。

生産車のブッシュはたいていゴムだが、チューニングパーツとしてのブッシュには同じゴムでも硬度の高いゴムを使用したものや、ウレタンやテフロンなど材質を変えたブッシュがある。JAFの競技車両で、材質の変更が認められていない場合は、ゴムブッシュで硬いものを選択しなければならないが、そうでなければ、テフロンなどの樹脂製ブッシュへの交換が効果的だ。

ピボット部のブッシュとは形状が異なるが、ストラットのアッパーマウントもゴムブッシュが使われている。これも他のブッシュ同様、チューニングパーツの対象になっている。なお、サスペンションパーツではないが、エンジンマウントも一種のブッシュである。

第6章　チューニングパーツの知識とセッティング

■ピロボール

　通称「ピロボール」と呼ばれているが、実はこれは固有の商品名で、一般名詞としては「スフェリカルジョイント」というのが正しい。サスペンションアームやリンク、ロッドなどの回転運動する可動部に使われ、その働きはブッシュと同様である。ただ、金属だけでできているので、コンプライアンスが全くないのが特徴だ。

　そのため、操縦性の面では確実に良くなるが、ピーキーになりすぎる面もある。どのレベルのチューニングをするのかで、強化ブッシュにするのかピロボールにするのかを決めるとよい。

　サスペンションアームとスタビライザーとをつなぐリンクにもブッシュが使われているが、これをピロボール化することで、スタビライザーが敏感に効くようになる。

　ピロボールはブッシュのように生産車のプレスアームやロッドをそのまま使って、ブッシュ交換と同じようにその部分だけ変えるというのは難しいので、通常アームそのものをパイプなどで作り替えるのが普通だ。つまり、ピロボールで固めた足回り、通称ピロ足というのは、可動部にピロボールを使ったパイプアームの足回りをいう。

　すべてのブッシュをピロボール化してしまうと、動きが渋くなったり、ひどいときにはほとんど動かなくなることさえある。これはピロ足が精密にできているとはいえ多少の狂いがあるもので、それをコンプライアンスが事実上ないピロボールでは、ブッシュのように吸収してくれないからだ。

　また、精密とはいえ組み込んで

ピロボールはサスペンションアームやリンク、ロッドなどの連結に使われるが、ブッシュと異なり金属製なのでコンプライアンス（遊び）が全くない。それだけに操縦性がピーキーになる可能性もあるので、チューニングのレベルを考えて使用すること。

実際に走ってみると、カタカタと音を発する場合も多々あるので注意が必要だ。

ストラットタワーバー

★ステアリングレスポンス向上

クルマのボディは基本的に金属でできているので硬そうに見えるが、たとえばジャッキアップしたときにドアがうまく閉まらなくなったりするように、けっこうゆがむものだ。特にグリップの高いタイヤで限界走行するような場合は、ボディにもかなりの力が掛か

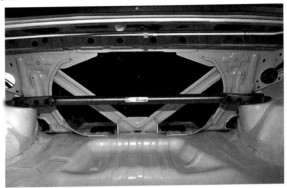

リヤのアッパーマウントにタワーバーを付けた例。目的はフロントと同様だ。

る。それによりサスペンションの取り付け部のジオメトリー（幾何学的位置）に狂いが生じて、操縦性に悪影響を及ぼすことになる。

レーシング走行では車体に掛かる力によりストラットの取り付け位置にゆがみが生じて、サスペンションジオメトリー（幾何学的位置）を狂わす恐れがある。それを防ぐために取り付けるのがストラットタワーバーだ。

第6章　チューニングパーツの知識とセッティング

そのようなゆがみを減らそうということで、左右ストラットのアッパー同士を棒でつなぐようになった。最近はスポーティなクルマのフロントには最初から標準で付いている例も多くなった。左右ストラットアッパー同士を直接つなぐものと、キャビンとの隔壁を介して3箇所で固定するものがある。このタワーバーはフロントだけでなく、リヤにも装着されることもある。

これらを装着すると、カチッとした操縦性が得られるが、ブッシュの強化ほどの大きな変化はない。

エアロパーツ

エアロパーツはクルマをスポーティに見せるファッショナブルなパーツだが、決してファッション性だけでなく、性能の向上に役立つものでもある。主にはダウンフォースを得ること、冷却性を高めること、それに軽量化を実現することにその役割がある。現在はメーカーやディーラーオプションも豊富にあり、合法的なエアロチューンがしやすくなっている。ただ、JAF公認の登録ナンバー付きレー

エアロパーツの目的はダウンフォースの増大や空気抵抗の減少だが、量産車では軽量化の意味合いも大きい。また、重心から遠い部分の軽量化による操縦性の向上も期待できる。エンジンルームへの空気の導入、排出効率も高められる。

スに出場する場合はかなり制限があるので、車両規則をよく確認すること。

■フロントスポイラー／バンパー

　フロントスポイラーはノーズ部で正面からの空気を上下に分ける機能を持つ。主要な役割はダウンフォースを得て高速でのフロントの接地性を高めることだが、ラジエターやブレーキのエアダクトにスムーズに空気を導入する役割も大きい。下面の空気をスムーズに流す役割もある。

　エアロバンパーはスポイラーとバンパーとが一体になったもので、開口部が大きく冷却性を高めたものが多い。左右へ空気をスムーズに逃がして空気抵抗を減らすとともにダウンフォース、冷却性をより高めるパーツだ。重心から離れた位置の軽量化は運動性能を向上させる効果もある。

■リヤスポイラー／ウィング

　リヤのスポイラーは車両の形状によりトランクリッドの端後に取り付ける場合と、ルーフエンドに付ける場合がある。いずれもダウンフォースを得てリヤの接地性を高める役割を持つ。リヤウィングはさらに積極的にダウンフォースを得ようとしたもので、一般にスポイラーより大型である。角度を調整できるものもあるが、ダウンフォースを高めるため角度を強くすると、空気抵抗が増えて最高速度が抑えられるので、程度問題になる。高速コースか中低速コースかでセッティングは変わってくる。

■リヤバンパー／ディフューザー

　リヤバンパーは下面をディフューザーとして車体底部を流れてきた空気の流速を速め、ベンチュリー効果によるダウンフォースを発生させる。軽量化はフロント同様運動性能にも寄与する。

■サイドステップ

　サイドステップはボディ側面の空気の流れと車体底部の空気の流れが互いに干

第6章 チューニングパーツの知識とセッティング

渉しないように整流する効果がある。リヤフェンダーにブレーキ用のエアダクトがある場合は、そこへの空気の導入を促す役目を持たせている。

■ボンネットフッド／トランクリッド

　排気量が大きめのクルマではボンネットを開けるとき、意外に重いと感じるはずだ。FRPやカーボンファイバー製のボンネットは軽量化に大きく貢献する。また、ターボ車では大型のエアアウトレットを設けることで、冷却性も向上する。ファイバー製のトランクリッドも軽量化に貢献する。

バケットシート

★スポーツ走行に適したものを

　バケットシートについては両論ある。ひとつはまずは走り込んで腕を上げてからシート交換は考えればよい、というもの。もう一つはクルマの動き、状態はシートを通じて腰で感じ取るものであり、シートは重要な役割を持っている、というものだ。どちらの論を選ぶべきかはドライバーの技量レベルとも関係するので、一概に言えないが、高度なドライビングの領域では重要な役割を担っているといえよう。

　シートの選択で重要なのは、ホールド性がまず挙げられる。本格的なレーシングカーではステアリングを持ち替えたりしないが、量産車では持ち替えて大きく腕を動かすことも多いので、肩の部分が張りすぎているとステア操作しにくいこともある。公道走行を前提とした登録ナンバー付き車両では、シートの

タイヤ性能が上がってきている現在、ホールド性の良いバケットシートはサーキットドライビングをやりやすくする。安全面ではボディに固定するのに介在するシートレールの強度を確認する必要がある。

179

背面がフレームむき出しのものは許されていない。レース用のシートを譲り受けるときなどは注意が必要だ。

もう一つ大切なのは、シートレールの強度だ。これはシートをボディに固定するとき間に介在するもので、これが弱いとクラッシュしたときにシートが外れてドライバーの安全が保てなくなる。バケットシートは軽量化の要素でもあったが、現在のN車両規定では最低重量が厳しいので、かえって軽量化されると困ることにもなる。

シートとレールについては、強度などにFIAの公認基準があるように、安全上も大切なものである。

4点式（フルハーネス）シートベルト

4点式ベルトについてはすでに述べているが、非常に重要な用品なので改めて述べておこう。走行会では3点式ベルトでも参加可能な場合もあるが、転倒やクラッシュの可能性が通常よりも高いサーキット走行においては、4点式ベルトは必須のものと言ってよい。単純な正面からのクラッシュならば3点式でもドライバーを保護してくれるかもしれないが、転倒や側面、斜めからのクラッシュでは3点式ではベルトから体が外れる恐れがある。4点式になると、体から外れることはまずな

シートベルトの有用性はすでに述べた。標準の3点式に加えてぜひ用意すべきものだ。

第6章　チューニングパーツの知識とセッティング

く、支えるベルトの面積も増えるので、厳しい衝撃に対しても体への負担を減らしてくれる。サーキット走行を志すなら、是非4点式ベルトを付加すべきだ。

4点式ベルトは、標準の3点式ベルトと交換するものではない。3点式ベルトは生かしたまま4点式ベルトを追加しなければ、登録ナンバー付き車両では規定に反することになる。つまり「付加すべき」なのだ。サーキット走行のときだけ4点式ベルトを使い、公道では標準の3点式を使わなくてはならないわけだ。実際には4点式ベルトの方が公道でも安全だが、保安基準上から3点式を使わなくてはならないことになっている。

なお、肩の部分は2本だが、後部で1本にまとめられたいわゆるY字形のベルトは、4点式と見なされる。走行会レベルではこのタイプでもその効果はきわめて有効である。なお、一度クラッシュによりその使命を果たしたシートベルトは、見た目には異常がなくても再使用できない。もちろん、ごく軽微な衝撃なら、走行会レベルではあまり神経質にならなくてもよいが、再使用の際は安全保証がないことを知識としては知っておこう。

良いコンディションを維持するために——オイル

■エンジンオイル

★純正オイルはバランスの取れたオイル

エンジンオイルは通常「5000kmまたは6か月」などとメーカーで指定しているが、スポーツ走行などエンジンの能力をフルに発揮させるような運転をしばしば行なうのであれば、それなりに気を配るべきだ。ひとつは交換時期、もう一つはオイルの選択だ。ただ、基本的にノーマルエンジンであるなら、そう神経質にならなくてもよい。

まずオイル交換時期は3000〜5000kmくらいの間で、走行会や競技への参加の頻度により考えればよいだろう。オイルフィルターは理想からいうと毎回交換が望ましいが、2回に1回交換すればよい。オイル交換時にフラッシングオイルで潤滑

181

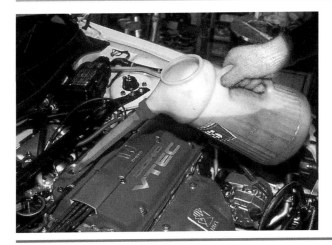

サーキット走行ではやはりエンジンへの負担が大きいので、エンジンオイルには気を遣うべきだ。メンテナンスとしてはマメな交換が必要。走行の頻度に応じて3000〜5000kmあたりで交換するとよい。

系を洗浄する方法があり、ガソリンスタンドなどで薦められるが、まめに交換しているならあまり必要ない。数万kmに1回程度で考えればよい。

オイルはどの銘柄がよいかは、難しい問題だ。オイルの世界は単純なようで非常に奥が深い。オイルの選び方でパワーも変わりうるが、あまりシビアに考えないのであれば、メーカー指定の純正オイルを使うのが無難だ。純正オイルは特別秀でているところはなくても、価格を含めてバランスの取れたオイルであるといえる。

★品質と粘度の規格がある

ここで、オイルの基礎的な知識を確認しておこう。オイルの役目はご存じのとおり摩擦を減らす潤滑がまず第一だが、他にもその役割がいろいろある。それを挙げると、エンジン内部の冷却、シリンダーの気密性の保持、エンジン内部の洗浄、さび止め、NOxやSOxからの保護、衝撃の緩和といったものがある。この中で潤滑とともに冷却もオイルの大きな役割であることを知っておこう。

実際の選択に当たっては、その銘柄よりもオイルの粘度や等級について知っておく必要がある。まず粘度だが、オイルは一般に温度が下がれば固くなり、上がれば柔らかくなる。固くなりすぎるとオイルの役目を果たせなくなるし、柔らかくなりすぎても性能が保てなくなる。そこで、どのくらいの低温からどのくらい

の高温までをカバーしているオイルかを表わす表示がなされている。

通常のマルチグレードといわれるオイルの粘度表示は、たとえば「SAE 10W-40」という場合、SAEはアメリカの自動車技術者協会の規格で、「10W」は低温時の動粘度を表わす記号で、−25℃でも粘度が保たれていることを表わしている。「40」の方は高温時の動粘度の指数を表わしており、数字が大きくなるほど動粘度が高くなる。分かりやすく言うと、最初のWの付く数字が小さいほど低温に強く、後の数字が大きいほど高温に強いオイルと思えばよい。

オイル缶に表示されている数字の見方。上は粘度を表わすSAE規格、下は等級を表わすAPI規格。現在SNが最高グレード。

ただ、後の数字が大きいと高温に強いが、一般にそれだけ固めのオイルでもあり、冷却系が高温にならない場合は抵抗が大きくパワーをロスすることにもなる。使用条件を考え、必要以上に幅の広い性能を追求する必要もない。

北海道で活動する人と沖縄で活動する人では自ずとオイル選びも変わってくる。その車両についてのメーカーの指示があればそれに従えばよいが、たとえば関東あたりでは10W-30〜40あたりを基準にターボ車かどうか、真夏か真冬かなどの条件を考えるとよいだろう。

オイルの等級についてはAPI(アメリカ石油協会)が定めたもので、「SJ」とか「SL」といったアルファベットで表わされている。

これは耐摩耗性や防錆性、スラッジ防止性などの品質規格で、最初の「S」はガソリンエンジン用を意味し、次の「J」や「L」が等級(グレード)を表わしている。つまり「SA」が最低で現在は「SN」まである。現在のクルマで使用可能なグレードは「SD」以上といわれているが、スポーツ走行を前提として選定するなら「SJ」以上が望ましい。特にターボ車の場合はエンジンの負担も大きいので、気を使ったほうがよい。ただし「SM」以降は主に少燃費、環境対応を考慮したもので、サーキット走行ではこだわらなくてよい。

■ギヤオイル

ミッションオイル

★ギヤの入りやギヤ鳴りにも大いに関係

　トランスミッションのオイルはメーカーが指定する純正オイル以外を使う場合は、やはりAPI等級とSAE粘度を確認する。等級についてはミッションオイルの場合GL-4とかGL-5のように表わされ、最後の数字が大きい方が上級グレードになっている。FR車や摩擦板式LSDが装着されていないトランスミッションであれば、通常GL-5以上の等級で75W-90を選べばよいだろう。

　ミッションオイルはギヤの入りやギヤ鳴りに大いに関係がある。通常だと2万kmぐらいだが、練習量にもよるが1万kmぐらいで交換した方がよい。ギヤの入りが悪くなったり、ギヤ鳴りが大きくなったときに、グレードの高いオイルに交換すると大幅に改善されることも多い。

デフオイル

★過酷なLSD環境とオイルの重要性

　ミッション以上に過酷な条件にあるのがディファレンシャルギヤである。特に摩擦板式のLSDを装着したデフの場合は、オイルの選択と交換時期には気を遣うべきだ。

　LSDはデフケースごとデフキャリアの中のオイルに浸っている。つまり、クラッチプレートは湿式多板クラッチになっている。プレッシャーリングが開き、LSDが作動すると、プレート同士が圧着しそこに摩擦力が生ずる。LSDを強く効かせれば効かせるほどプレート間の圧力は高まり、摩擦熱の発生も大きくなる。そして、プレート表面は過酷な状況に置かれる。こうした中、プレートの表面の焼き付きを

過酷な状況で機能を発揮するため専用のLSDオイルをLSDメーカーは用意している場合が多い。

第6章　チューニングパーツの知識とセッティング

防いでいるのが、LSDオイルである。

　LSDメーカーの多くは専用オイルを用意していることからも、LSDにとってオイルが大切であることが分かる。LSDのメンテナンスといえば、このオイル管理であろう。過酷な状況での使用はオイルの熱劣化を早めるし、状況に応じた交換が必要だ。ただ、これはエンジンなどと違い、単純に走行距離で割り出すものでなく、LSDを過酷に使ったかどうかの使用状況による。なお、LSD専用オイルには普通のギヤオイルには入っていない極圧添加剤が配合されているので、必ずLSDオイルを使うべきだ。

　FR車の場合は110W-140といったミッションオイルよりさらに固めのオイルを使う。一般に固めオイルのほうが「バキバキ」音が小さくなる代わり効きも鈍くなる。柔らかいほうが音が大きくなるが効きは良くなる。ただし、過ぎるとLSDの摩擦板（クラッチプレート）を痛めてオーバーホール時期を早める可能性がある。オイル交換はまめにやるべきで、3000kmくらいを目安に練習量を考えて決めるとよいだろう。

　FF車、FFベース4WD車、ミッドシップ車などデフを内蔵したミッションの場合は、ミッション用の75W-90あたりの粘度で、GL-6以上のオイルを入れたい。ただし、車種によってはもっと柔らかい粘度でもよい場合があるし、固めのほうがよい場合もあるので、経験あるショップ等で確かめるとよい。

全国サーキット紹介

(2019年6月 調査)

◆記事中の記載は右の順になっています。

サーキット名
所在地
電話番号
全長／幅員／最大直線長

● 十勝スピードウェイ

〒089-1573　北海道河西郡更別村弘和477
0155-52-3910
5091m／13.5〜15m／1000m

★全長約5.1km、ほぼフラットで、約1kmのストレートと15のコーナーを持つ。通常はグランプリコースを分割して、3.4kmのクラブマンコースと1.7kmのジュニアコースとして使用。JR帯広駅より車で約40分。

● スポーツランドSUGO

〒989-1394　宮城県柴田郡村田町菅生6-1
0224-83-3111
3704m／10〜12.5m／705m

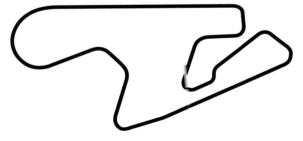

★ヤマハ発動機がバックの国際公認サーキット。レクリエーション施設は止めてモータースポーツに特化して運営している。地形を生かしたレイアウトで、最終コーナーから10％の上り勾配は急だ。

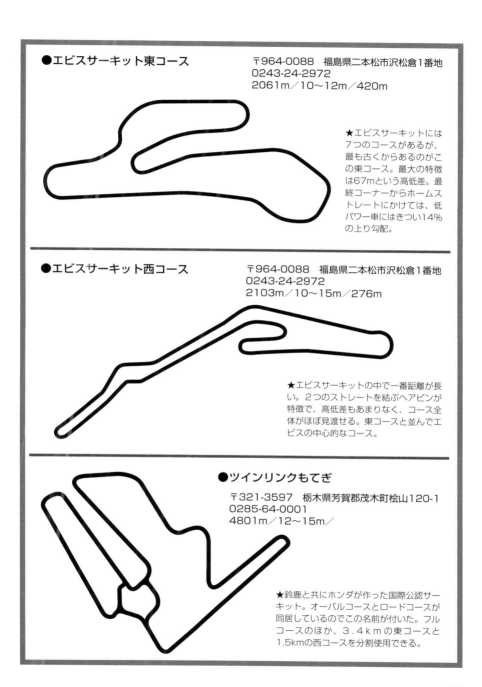

●エビスサーキット東コース　〒964-0088　福島県二本松市沢松倉1番地
0243-24-2972
2061m／10〜12m／420m

★エビスサーキットには7つのコースがあるが、最も古くからあるのがこの東コース。最大の特徴は67mという高低差。最終コーナーからホームストレートにかけては、低パワー車にはきつい14%の上り勾配。

●エビスサーキット西コース　〒964-0088　福島県二本松市沢松倉1番地
0243-24-2972
2103m／10〜15m／276m

★エビスサーキットの中で一番距離が長い。2つのストレートを結ぶヘアピンが特徴で、高低差もあまりなく、コース全体がほぼ見渡せる。東コースと並んでエビスの中心的なコース。

●ツインリンクもてぎ

〒321-3597　栃木県芳賀郡茂木町桧山120-1
0285-64-0001
4801m／12〜15m／

★鈴鹿と共にホンダが作った国際公認サーキット。オーバルコースとロードコースが同居しているのでこの名前が付いた。フルコースのほか、3.4kmの東コースと1.5kmの西コースを分割使用できる。

● ヒーローしのいサーキット

〒321-2102　栃木県宇都宮市篠井町前山1804
028-669-1031
1350m／10m〜／

★完全なストレートではないが、長い加速区間とテクニカルなコーナーを組み合わせたレイアウトで、25mという適度な高低差で大排気量から小排気量まで楽しめるコースだ。ピットやコントロールタワーも充実。

● 日光サーキット

〒321-0416　栃木県宇都宮市高松町984
028-674-4390
1100m／10〜12m／250m

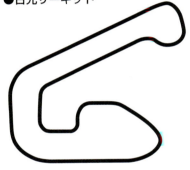

★ミニサーキットの元祖ともいうべき日光サーキットはテクニカル区間と高速区間が適度に組み合わされた絶妙なコースレイアウトを持つ。東北道宇都宮ICからも近く、ミニサーキットが増えた現在も人気は衰えない。

● 筑波サーキット コース2000

〒304-0824　茨城県下妻市村岡乙159
0296-44-3146
2045m／10〜15m／

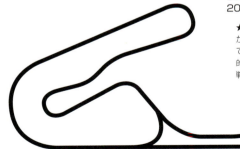

★財団法人が運営する異色のサーキットだが、2kmのコースはチューニングカーにとっても絶好のコース。低速のヘアピンから比較的高速の最終コーナーまでいろいろあり、実戦的な経験を積むにも最適なコースだ。

● 筑波サーキット コース1000　　〒304-0824　茨城県下妻市村岡乙159
　　　　　　　　　　　　　　　　0296-44-3146
　　　　　　　　　　　　　　　　1039m／11～17m／253m

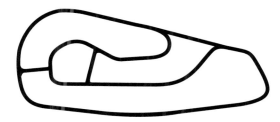

★1周1000m強のコースの中に低速コーナーから高速コーナーまで用意されている。ホームストレッチの全長も253mと長め。コース全体がフラットで、前方の危険が容易に確認でき、コースの安全性向上につながっている。

● 本庄サーキット　　〒367-0224　埼玉県本庄市児玉町高柳883
　　　　　　　　　　0495-72-9611
　　　　　　　　　　1112m／12～15m／260m

★首都圏から近く、関越道本庄児玉ICから約15分と地の利がよい。前半はスピード、後半はテクニカルなコーナーで構成されており、パワーのあるなしに関わらず楽しめるコース。ジムカーナコースとして使われることもある。

● 袖ヶ浦フォレスト・レースウェイ

〒299-0202　千葉県袖ケ浦市林348-1
0438-60-5270
2436m／15～18m／400m

★2009年にオープンしたJAF公認サーキット。コース全長、幅員とも充分で、本格的なレースが可能なコースである。東京湾アクアラインを経て圏央道木更津東ICから約10分と、首都圏からのアクセスもよい。

189

● 茂原ツインサーキット　　　〒297-0044　千葉県茂原市台田640
　　　　　　　　　　　　　　0475-25-4433
　　　　　　　　　　　　　　1170m／10〜14m／

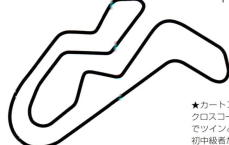

★カートコースとして有名であったが、併設のモトクロスコースを東コースとして4輪用に衣替えしたのでツインとなった。中低速中心のコーナー構成で、初中級者が腕を磨くのにはうってつけのコース。

● ナリタモーターランド　　　〒289-1201　千葉県山武市板川341
　　　　　　　　　　　　　　0475-89-0989
　　　　　　　　　　　　　　800m／8m／150m

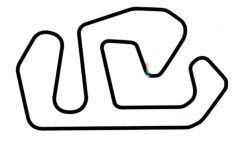

★元々カートコースだったが、騒音問題からカートをやめミニバイクや4輪用コースとなった。その成り立ちから規模は小さいが、東関道富里ICより約20分と地の利がよく、練習用コースとして気軽に走れる。

● 南千葉サーキット　　　　　〒290-0162　千葉県市原市金剛地301
　　　　　　　　　　　　　　0436-52-4400
　　　　　　　　　　　　　　580m／6〜8m／80m

★「ロードパレット南千葉」から名称が変わった。全長が580mと小規模なサーキットだけに入会金やライセンスなしでも走れる気軽さがウリ。料金設定も安い。クルマを自在に操る練習にはうってつけで、ジムカーナやドリフトにも使われる。

● スポーツランドやまなし　〒407-0171　山梨県韮崎市穂坂町柳原字牛原2492
　　　　　　　　　　　　0551-22-8226
　　　　　　　　　　　　1200m／8～12m／230m

★中央道韮崎ICから15分と地の利がよく、緑に囲まれ環境も良い。適度なアップダウンがあり、230mのストレートとともに楽しめるコースだ。コース内側のパドックやピット、その他多目的ホールなど施設も充実。

● 富士スピードウェイ

〒410-1307　静岡県駿東郡小山町中日向694
0550-78-1234
4563m／15～25m／1475m

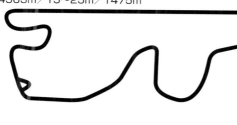

★05年に全面的な改修がなされた。基本レイアウトは踏襲するものの、最終コーナー手前にテクニカルなコーナーを設けた。最大の特徴は1475mのストレートで、スリップストリームの効果をハッキリ実感できる。

● 富士スピードウェイ ショートコース

所在地連絡先同上
820～920／10～12m／330m

★ル・マン24時間レース覇者、関谷正徳氏監修のもと設計されたショートサーキット。18通りものコースレイアウトが可能。充分なコース幅やセーフティーゾーンを備え、街乗り車両・チューニングカー・カートからミドルフォーミュラまで走行できる。

●日本海間瀬サーキット

〒953-0105　新潟県新潟市西蒲区間瀬610
0256-85-2201
2000m／

★コースの内側に畑があるというユニークな立地で、自然の地形を使った普通の道路のようなコース。長い加速区間や高速コーナーがあるとともに、ヘアピンや複合コーナーも兼ね備えテクニカルでもある。

●おわらサーキット

〒939-2367　富山県富山市八尾町平林
076-455-0687
1050m／8〜10m／140m

★富山県唯一のサーキット。土砂採取の跡地に作られたコースで、敷地を利用して1km強の全長に高速コーナーからタイトコーナーまで10のコーナーをレイアウト。新潟の日本海間瀬サーキットと同系列。会員特典あり。

●タカスサーキット

〒910-3372　福井県福井市西二ツ屋町2字1番35号
0776-87-2330
1504m／10〜12m／340m

★1500mの全長はツーリングカーにとって手ごろなコース。340mの直線でスピードが出る一方テクニカルなヘアピンも多く、小排気量車から大排気量車まで楽しめる。付帯設備も充実している。スポーツ走行にはサーキットライセンスが必要。

●オートランド作手

〒441-1404　愛知県新城市作手菅沼38
0536-39-3611
700m／10〜16.5m／

★全長700mと小振りだが、複合コーナーの難しさを備えており、意外とテクニカル。第1コーナー正面の電光掲示板にリアルタイムの計時結果が出るので、走りの違いがタイムにどう出るかの確認に極めて有用。

●モーターランド三河

〒441-1411　愛知県新城市作手岩波字長ノ山60-6
0536-37-5501
800m／10〜15m／250m

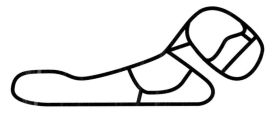

★会員制度もなくライセンスも必要ないので気軽に走行できる。ヘルメットやグローブの貸し出しもある。コースはA・BコースとCコースを分けて使ったり、フルコースとして使ったりできる。リーズナブルな料金で楽しめる。

●幸田サーキットyrp桐山

〒444-0126　愛知県額田郡幸田大字桐山字立岩1-100
0564-62-7522
1085m／10〜15m／

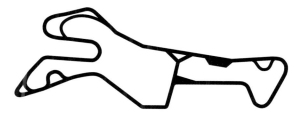

★03年11月にオープンした多目的ミニサーキット。ピットやコントロールタワーはもちろん、ミーティングルームやカフェなど、ミニサーキットとしては充実した施設を備えているのが特徴。

●美浜サーキット

〒470-3235　愛知県知多郡美浜町野間字馬池16
0569-87-3003
1200m／10〜15m／250m

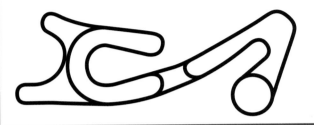

★05年7月知多半島にオープンしたミニサーキット。全長、幅員ともミニサーキットとしては充分で、多彩なコースレイアウトで、多目的に使えるとともに走りを楽しめる。レストハウスなどの施設も充実。

●スパ西浦モーターパーク

〒443-0105　愛知県蒲郡市西浦町原山3
0533-58-1111
1561m／12m／416m

★ミニサーキットながら立体交差を持つユニークなコース。1500mを超えるので、ミニサーキットとしては充分な規模で、ハイスピードからテクニカルな部分までを網羅したレイアウトになっている。付帯施設ももちろん充実。

●鈴鹿サーキット

〒510-0295　三重県鈴鹿市稲生町7992
059-378-1111
5807m／10〜16m／

★日本のサーキットはここから始まった。全長が長く立体交差も特徴的。国際公認としてF1からツーリングカーまでに対応しているが、その攻略はただならぬ奥深さがある。東と西に分割使用されることも多い。

●鈴鹿サーキット 南コース

所在地連絡先左下
1264m／10m／

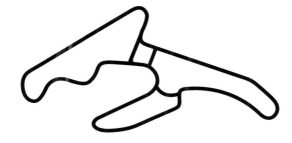

★充分な全長の中に高速コーナーから低速コーナー、複合の中速コーナーなど種々のコーナーを組み合わせている。カートの世界選手権が行なわれるだけにピットをはじめとした施設の充実も申し分ない。

●モーターランドSUZUKA

〒510-0265　三重県鈴鹿市三宅町字流3616
059-372-3535
1000m／10m／200m

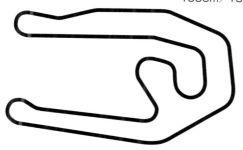

★初めての方のみ走行前に10分程度の講習があるが、ライセンスなしで気軽に走れるコースだ。全長は1000mあり、踏んでいけるところとタイトでテクニカルな部分を併せ持っている。屋根付きピット、ミーティングルームも完備。

●鈴鹿ツインサーキット

〒510-0265　三重県鈴鹿市三宅町2913-2
059-372-2401
1750m／10～14m／550m

★ミニサーキットというより中規模の本格サーキットといえる内容を持ったコース。550mとかなり長い直線を有し、比較的ハイスピードなコーナーも備えている。走り甲斐、攻め甲斐のあるコースで、付帯設備も充実している。

195

●YZサーキット　　　　　〒509-6251　岐阜県瑞浪市日吉町大越6851-1
　　　　　　　　　　　　0572-69-2588
　　　　　　　　　　　　1000m／11〜13m／240m

★かつての本コースが2016年に閉鎖されて、やや離れてあった東コースのみになっている。それでも全長1000mあり、ピットも25とミニサーキットとしての体裁は整えており、走行会やドリフト大会に使われている。

●セントラルサーキット
　　　〒679-1132　兵庫県多可郡多可町中区坂本字草山521-1
　　　0795-32-3766
　　　2804m／11〜15m／677m

★2本の長い直線と中低速コーナーを組み合わせた中規模サーキット。立体交差があるので左右コーナーの配分に片寄りがない。高速部分と低速部分を併せ持ち、アップダウンも適度にある。

●岡山国際サーキット　　　〒701-2612　岡山県美作市浦宮1210
　　　　　　　　　　　　0868-74-3311
　　　　　　　　　　　　3703m／12〜15m／700m

★04年に「TIサーキット英田」から現在の名称になった。かつてF1の開催実績もあるだけに、コース全長、幅員とも申し分ない。それでいてライセンスなしでも走れる走行会を自ら開催もしている。

● 中山サーキット

〒709-0432　岡山県和気郡和気町大中山751
0869-93-2333
2007m／13〜18m／

★日本で4番目の歴史を持つこのサーキットが40年間に果たした役割は大きい。現在はJAF公認を返上しているが、レース、走行会、安全運転講習会など、多目的に使われている。カートコースも併設している。

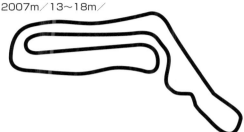

● 備北ハイランドサーキット Bコース

〒719-2722　岡山県新見市豊永佐伏字焼見堂
0867-74-2918
1100m／8〜11m／170m

★ショートカットをたくさん設けており、様々なコースレイアウトを作ることができ、ジムカーナにも対応している。コントロールタワー、ピットやギャラリースタンドも備え、設備は充実している。

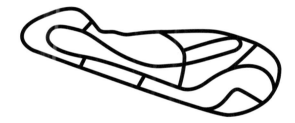

● TSタカタサーキット

〒739-1805　広島県安芸高田市高宮町原田1378-3
0826-59-0055
1500m／9〜10m／250m

★幾度にも及ぶコース改修や施設の充実で、ミニサーキットとしては十分な内容を持っている。JAFスピード行事の公認コースでもあるが、ドリフトを対象にしていないのも特徴。サーキット側の企画イベントもいろいろある。

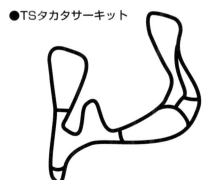

●阿讃サーキット　〒771-2503　徳島県三好郡東みよし町大字東山字滝久保319
　　　　　　　　　0883-79-3705
　　　　　　　　　1005m／8〜12m／

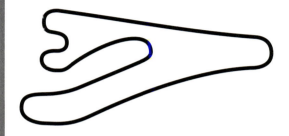

★山間の地形を利用したコースはアップダウンが大きいが、87年オープンと歴史があり、JAF公認レースも数多く行なってきた。それだけにピットほか施設は整っており、選手用100台、一般用250台の駐車場も完備。

●オートポリス　〒877-0312　大分県日田市
　　　　　　　　上津江町上野田1112-8
　　　　　　　　0973-55-1111
　　　　　　　　4674m／12〜15m／

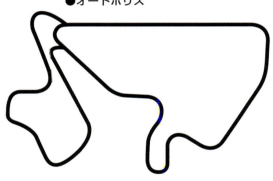

★川崎重工が買い受けたことにより05年より新たな運営で再スタートした。元々がF1誘致を目論んで作られたサーキットだけに、その設備の充実はすばらしいものがある。コースはナンバー付き車両でも充分楽しめる。

●HSR九州　〒869-1231　熊本県菊池郡大津町平川1500
　　　　　　　096-293-1370
　　　　　　　2350m／9〜15m／

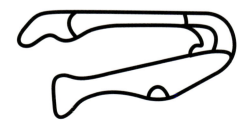

★本田技研の熊本工場に隣接して作られたコースで、「ホンダセーフティ&ライディング・プラザ九州」の名前どおり、安全教育の目的を掲げている。それだけに規模も大きく高速で豪快な走りが楽しめる。

〈著者紹介〉

飯塚昭三（いいづか・しょうぞう）

東京電機大学機械工学科卒業後、出版社の㈱山海堂入社。モータースポーツ専門誌「オートテクニック」創刊メンバー。取材を通じてモータースポーツに関わる一方、自らもレースに多数参戦、編集者ドライバーのさきがけとなる。編集長歴任の後、ジムカーナを主テーマとした「スピードマインド」誌を創刊。その後マインド出版に移籍。増刊号「地球にやさしいクルマたち」等を企画出版。現在はフリーランスの「テクニカルライター・編集者」として、主に技術的観点からの記事を執筆。著書に『自動車低燃費メカニズムの基礎知識』（日刊工業新聞社）『ジムカーナ入門』『燃料電池車・電気自動車の可能性』『ガソリンエンジンの高効率化』『ハイブリッド車の技術とその仕組み』（以上、グランプリ出版）等がある。JAF 国内 A 級ライセンス所持。日本モータースポーツ記者会会員。日本 EV クラブ会員。日本自動車研究者ジャーナリスト会議（RJC）会員、元会長。

	サーキット走行入門	
著　者	飯塚昭三	
発行者	山田国光	
発行所	**株式会社グランプリ出版**〒 101-0051　東京都千代田区神田神保町 1-32電話 03-3295-0005 ㈹　FAX 03-3291-4418	
印刷・製本	シナノ パブリッシング プレス	

グランプリ出版の刊行書

ジムカーナ入門
飯塚昭三 著

モータースポーツのなかでも、ジムカーナは日頃使っている愛車で参加できる上、初心者向きのイベントも数多く開催され、安い費用で楽しめるのが特徴である。本書では、ジムカーナをはじめるための手順から、車両のチューンアップ、ドライビングが向上するテクニックまで、モータースポーツ誌の元編集長が、写真を豊富に使ってわかりやすく伝授。巻末に、最新の主要なジムカーナコースガイドを収録

定価：本体 1,600 円＋税

A5判／185頁／978-4-87687-339-5

モータースポーツのためのチューニング入門
飯嶋洋治 著

ジムカーナやダートトライアルなど、手軽なモータースポーツ走行でのタイムアップには、用途に応じた適切なチューニングが重要になる。本書は、モータースポーツ走行を始めたい、もっと速く走りたいという読者のために、自分でできることとプロに委ねるべきことの区別も考えながら、エンジン系・駆動系・シャシー関係・ボディ全体などについて、元モータースポーツ誌編集長の著者がわかりやすく解説する。

定価：本体 1,800 円＋税

A5判／184頁／978-4-87687-333-3

R32スカイラインGT-R レース仕様車の技術開発
石田宜之・山洞博司 著

「走りの復活」を目指して日産技術陣が開発したスカイラインGT-Rは、1989年に発売され、現在でも高い人気を誇る。これをベースに開発されたレース仕様車は、レース活動で大活躍し、その偉業は今でも多くのファンを中心に語り継がれている。本書ではレース仕様車の開発に携わった当事者が、エンジンや車体、シャシー関係などについて、多くの図版とともに解説する。

定価：本体 2,000 円＋税

A5判／212頁／978-4-87687-366-1